笑看風雲
行善路

新加坡百貨業傳奇人物洪振群
永不放棄的人生拼搏

洪振群 著

行善積德可以讓人學習寬宏大量

樂觀與微笑是最有治癒力的力量

優質人生是基於自己正面的思想

讓心更強大，讓心更豁達。

氣質靠心養，命運淀心修。

生活與做人都需要善良。

心懷正念，就是個富有的人。

把時間和真誠留給正能量的人與事。

風霜雪雨，細心品味，感悟人生。

亮出真心給人看，必有朋友共患難。

洪振群

PEOPLE 542

笑看風雲行善路
新加坡百貨業傳奇人物洪振群永不放棄的人生拼搏

作者	洪振群
編撰	梁容輝
照片提供	洪振群
校對	楊淑雯
主編	謝翠鈺
企劃	鄭家謙
封面設計	陳文德
美術編輯	趙小芳

董事長	趙政岷
出版者	時報文化出版企業股份有限公司
	108019 台北市和平西路三段二四〇號七樓
	發行專線｜(〇二)二三〇六六八四二
	讀者服務專線｜〇八〇〇二三一七〇五｜(〇二)二三〇四七一〇三
	讀者服務傳真｜(〇二)二三〇四六八五八
	郵撥｜一九三四四七二四時報文化出版公司
	信箱｜一〇八九九　台北華江橋郵局第九九信箱
時報悅讀網	http://www.readingtimes.com.tw
法律顧問	理律法律事務所｜陳長文律師、李念祖律師
印刷	勁達印刷有限公司
初版一刷	二〇二五年一月三日
定價	新台幣六八〇元

（缺頁或破損的書，請寄回更換）

時報文化出版公司成立於一九七五年，
並於一九九九年股票上櫃公開發行，於二〇〇八年脫離中時集團非屬旺中，
以「尊重智慧與創意的文化事業」為信念。

笑看風雲行善路：新加坡百貨業傳奇人物洪振群永不放棄的人生拼搏
／洪振群作；梁容輝編撰. -- 一版. -- 臺北市：時報文化出版企業股份
有限公司, 2025.01
　面；　公分. -- (People；542)
ISBN 978-626-419-097-8(平裝)

1.CST: 洪振群　2.CST: 企業家　3.CST: 企業經營　4.CST: 傳記

494　　　　　　　　　　　　　　　　　113018785

ISBN 978-626-419-097-8
Printed in Taiwan

出版緣起
（台灣繁體字版）

　　《笑看風雲行善路》一書在新加坡出版後，所釋放出的強大正能量，是我始料不及的。這本書原只是我的自傳，沒想到在2024年4月20日舉行的首發儀式上，得到新加坡共和國總統尚達曼蒞臨現場致詞及溫馨鼓勵！當天受邀嘉賓雲集、會場座無虛席，成了當時的文化盛事。其後我們陸續舉辦了多場導讀會，到了2024年底光在新加坡已舉辦了二十六場；若以導讀會場數而言，相信已創下了新加坡國內最多場新書導讀活動的紀錄。

　　社團法人中華中道領導文化總會（簡稱中道總會）是一個非營利組織。當我有機會來台北參加活動時，向中道總會同仁們透露，新加坡有這樣的導讀活動時，中道總會同仁們頗感興趣，他們也深深覺得我這本書的精神是與中道理念相契合的，我走的也正是中道要發揚的路，中道總會祕書長吳淑華博士及團隊非常積極安排在台灣由北到南、到東舉辦導讀會，大家反應熱烈。中道總會乃提出《笑看風雲行善路》繁體中文版在台北出書事宜。

　　還記得2024年5月，我在中道總會的邀請下，在台北舉行了第一場導讀會。令我詫異的是，在台灣毫無知名度的我，這本書竟得到各界人士的支持。從5月起到同年底，我在台灣已主辦了八場的導讀會。在朋友的協助下，我每次都要從新加坡帶著上百本書到台灣，也都陸續送完，我很快感覺到存書量已越來越少。

　　我開始思考中道總會的建議，經多方認真思考及考量讓台澎金馬的朋友閱讀繁體字版也更為便利後，我決定在台北出版繁體字版。如此一來我

可以更方便地繼續送這裡的學生、老師、企業及社會各界朋友。當我有了這個想法後，深獲中道總會理事長陳樹博士與中道總會同仁的熱烈支持，經中道總會監事楊淑卿會計師積極協調聯繫，並取得時報文化出版公司趙政岷董事長的支持與協助，短時間內即取得共識，並落實出版相關事宜。出版過程特別感謝崑山科技大學通識教育中心楊淑雯助理教授，協助校對事宜。

如今這本自傳走出新加坡國門，第一站便在台北成功出版，有此因緣，我感到無比喜悅。首度發行將由時報文化出版發行數量一千本《笑看風雲行善路》繁體字版自傳，也訂於2025年2月4日至9日期間假台北世貿一館舉行的台北國際書展上，舉行正式發布儀式。

我計劃於繁體字版的發布會後定下目標：每一年將在台灣各地的大學與團體，舉行二十場的分享會，讓更多人看得到這本自傳，主要也是希望讓正能量廣傳出去。尤其學生在學期間仍在累積人生歷練，我願意與他們分享我個人的人生經歷，希望他們能更打開視野、開闊心胸，這是我舉行導讀會的用意，未來有機會到其他各地向年輕人分享我對自傳與中道的心得，覺得非常美好！如孩子們都能專心聆聽，許多聽眾也能多給我回饋，寫下了他們的心得；尤其當他們感到有收穫，是我最開心又感動的事。

這本有意義和散發正能量的書，期待能走入學校及各界，也非常期待出席導讀會的學生及嘉賓，能因深受感動而發表心得或熱烈提問，我也樂於一一解答，過去導讀時看到，有些同學還流下真摯的淚水，我深受感動！我希望能透過這本書，把我這一生的心得與體會，包括如何面對生活上挑戰，多鼓

新加坡尚達曼總統（右），前基礎建設統籌部長兼交通部長許文遠先生（左），洪振群先生（中）。

勵年輕人向善向上,也期能與更多團體分享。

　　我也將繼續在新加坡、台澎金馬及馬來西亞主辦類似活動。我希望最終能主辦100場的導讀會,這是我個人行善路其中一個心願,也認為是非常有意義的一件事。我會盡最大的努力,繼續堅持走這條弘揚笑看風雲行善中道之路。希望大家更知足、惜福、感恩!都能更幸福!更美好!

> 中華中道領導文化總會2024年11月11日在台北台大校友會館舉行「行善、行孝不能等—體悟人生、實踐公益」座談會,由新加坡的大慈善家、ＣＫ集團總裁洪振群(前排左四),分享他創作《笑看風雲行善路》這本書的過程,也分享他行善的心路歷程。
> (記者康子仁攝/照片提供:中華日報)

唐振輝

文化、社區與青年部部長

律政部第二部長

我第一次遇見洪振群先生是在 2020 年，我以文化、社區與青年部部長的身份第一次出席南華潮劇社的演出，當時洪先生擔任董事會主席。自那以後，每當我參加各個華族社團組織舉辦的華族文化活動時，洪先生總會出席，因為他同時在這些組織中擔任重要的名譽領導職務。後來我得知，洪先生還是三巴旺的關鍵基層領袖，為當時的部長許文遠服務，並且還是聖約翰救護隊的志願者等等！

洪先生給我留下了一個非常安靜、謙遜的印象，與他商人的背景恰恰相反。他不是一個張揚的人，始終彬彬有禮，體貼入微，儘管他忙於參與社區活動，同時還要管理遍佈新加坡的 19 家 myCK 連鎖店！

作為負責監管新加坡慈善部門的部長，我經常聽到有關洪先生的慈善事蹟，他不僅慷慨贊助慈善機構，還毫不猶豫地幫助他所遇到或聽到的普通流浪街頭者。更令人鼓舞的是，他的慈善行為不分種族、宗教、性別和年齡，沒有惡意或偏見，純粹出於對人類的愛和對減輕苦難的渴望。

在文化領域，洪先生的貢獻同樣不可忽視。在他的領導下，南華潮劇社獲得了 2020 年首屆「新加坡非物質文化遺產獎」，以及 2023 年「新加坡華族文化貢獻獎團體獎」！

　　南華潮劇社的使命是將潮劇和潮樂作為新加坡重要的文化遺產，尤其是在年輕一代中推廣。為此，洪先生為保障潮劇和潮樂的可持續性發展所做的努力，讓潮劇愛好者，特別是老年人作為他們的娛樂活動，以及對年輕人作為他們的文化遺產，受益良多，這是非常值得讚揚的。

　　當我看到洪先生在這本書中講述了他創業歷程中的崛起和多次挫折，以及他如何勇敢地以堅韌和毅力重新站起時，我想起了潮劇中的一些人物，他們在生活中遭受了殘酷的待遇，但並沒有屈服於命運，最終在充滿愛的家庭和朋友的支持幫助下獲得了勝利。

　　正如洪先生在書中回顧了第三次火災摧毀他位於宏茂橋的一家 myCK 商店後所説的：「為什麼是我？」這個問題最終讓他意識到，只要他還活著，他就必須接受命運為他安排的無盡考驗。他從 2016 年 8 月燒毀了他總部的一部分，到同年 10 月在裕廊西再次發生火災，再到 2019 年 7 月在宏茂橋再次發生火災，這三場火災給了他巨大的正能量，讓他繼續生活並關心社會。他把自己的一生奉獻給了更多的慈善事業。或許洪先生的人生故事，可以成為南華潮劇社創作的新題材。

　　洪先生在他的新書發布會上，將舉辦一場展覽，展出 200 幅他的攝影作品，這些作品經過他的藝術家朋友林祿在先生的特別加工，加上藝術作品和中國書畫，將是一種獨特的藝術形式。他希望為新加坡總統挑戰基金籌集 50 萬新元，為新加坡慈濟基金會籌集另外 50 萬新元。

　　我讚揚洪先生坦誠地分享了他的人生故事，我堅信許多讀者會從中汲取力量，我希望他們會效仿洪先生，成為一個熱情、關愛他人的新加坡人！

I was first introduced to Mr Ang Chin Koon when I graced the first Nam Hwa Teochew Opera Limited's performance in my official capacity as Minister for Culture, Community and Youth in 2020 and Mr Ang was then Chairman of the Board of Directors. Since then, whenever I attended Chinese Community cultural programmes organised by various Chinese community organisations, Mr Ang was inevitably present too, as he has concurrently assumed important honorary leadership roles in these organisations. I later learnt that Mr Ang was also a key grassroots leader in Sembawang serving then Minister Khaw Boon Wan and also a St Johns Ambulance Volunteer, among others!

Mr Ang struck me as a very quiet, unassuming, and humble person, contrary to his businessman background. He is not a flamboyant person, but always courteous and considerate, despite his extensive community engagements, amidst active management of his stable of 19 myCK stores around Singapore!

As Minister with oversight of the charity sector in Singapore, I often heard stories of Mr Ang's philanthropy not only to charitable organisations, but also extended to the down and out ordinary folks on the streets that he came across, or heard of, without hesitation. It is encouraging to know that his acts of charity are race, religion, gender and age blind, without stigma or bias, done out of pure love for humanity and to relief suffering as much as he could.

In the cultural arena, Mr Ang's contributions are not any less significant. Under his stewardship, Nam Hwa Teochew Opera clinched the inaugural "Stewards of Singapore's Intangible Cultural Heritage Award" in 2020 and the "Organisation Recipient for the 2023 Singapore Chinese Cultural Contribution Award"!

Nam Hwa Teochew Opera's mission is to preserve Teochew opera and music as an important cultural heritage for Singapore especially among the younger generation. To this end, Mr Ang's efforts to keep Teochew Opera and music sustained financially for the benefit of Teochew opera lovers, especially the elderly as their entertainment, and to the young as their cultural heritage, are highly commendable.

In his book, Mr Ang reflects on his entrepreneurial journey, including his rise and numerous setbacks, and how he bravely faced adversity with resilience and determination. This reminds me of characters in Teochew operas who endured hardships but ultimately prevailed with the support of loving families, friends, and perhaps even divine intervention.

As Mr Ang has recounted in his book after the 3rd fire that gutted one of his myCK store in Ang Mo Kio, his rhetoric "Why me?" eventually led him to realise that so long as he is still alive, he has to accept whatever destiny has planned for him to test him, which is endless. His key takeaway from the 3 fires that burnt down a huge part of his HQ in August 2016, followed by another in Jurong West in October 2016 and again in Ang Mo Kio in July 2019 was how the instantaneous and generous outpouring of offers of substantial financial help, the unwavering, relentless support and dedication of employees, family members and friends, had given him much positive energy to carry on living and caring for society. He has dedicated his life to doing more charitable deeds. Perhaps Mr Ang's life story could form the subject matter of a new Teochew opera for Nam Hwa?

Walking the talk, at his book launch, Mr Ang will also be holding an exhibition of 200 selected copies of his photographs that have been specially enhanced by his artist friend, Mr Lin Lu Zai, with artwork and Chinese Calligraphy and Painting, a unique combination of art form. He hopes to raise $500,000 for The President's Challenge and another $500,000 for Tzu Chi Foundation Singapore.

I commend Mr Ang for his candid sharing of his life story and I firmly believe that many readers will draw strength from it and I hope they will follow Mr Ang's footsteps to be a warm and caring Singaporean!

我在2008年認識洪振群，他跟著三巴旺的老基層領袖劉孝勇來社區當義工。我對洪振群的第一個印象是：謙虛、不自大、不驕傲，待人禮貌客氣。他看起來很誠懇，但是我不確定在競爭激烈的商業市場裡，忙碌打理生意的老闆是否真的能夠花時間在社區當義工。

但是振群超越我的預期。他參與大多數的社區活動，不是名義上參與，而是全身心投入。他出點子，動員他的商業網路，慷慨解囊。他的人還很實在，當聽說區內一些居民病患需要短期使用輪椅，他就去買了好多張，讓民眾俱樂部借給居民使用。

2011年，我為他的myCK大廈主持開幕禮。CK百貨當時成立了14年，大廈開幕是個了不起的里程碑。它的背後，是一個白手起家的商人起伏跌宕的故事，裡頭有辛酸，也有奮發和堅持不懈的理念。CK百貨創業，1997年在亞洲金融風暴的衝擊下，公司幾乎被摧毀。振群得從頭來過，把自己手上剩餘的現金，加上太太和孩子的儲蓄、好友和員工的借貸，湊起來東山再起！

他成功的秘訣是什麼？他事必躬親，勤懇不馬虎。振群腳踏實地，資金不足的時候，他毫不氣餒，用手中僅有的資源，一點一點銷售，一步一步向前，從一個小店面起步，一家店經營到18家分行，從兩個人擴大到360名員工。這樣一路走來，

都是他日復一日，年復一年，一步一腳印，努力不懈打造出來的成果。終於，他的事業上了軌道。這是一個不輕言放棄，百折不撓的故事，對想要創業的年輕人來說，有很大的激勵作用。

但是「百折不撓」是一個艱難的過程，「百折」得一再受到考驗──是一而再，再而三的考驗，才看到「不撓」的精神體現。

2016年8月，一場大火燒毀了振群總部大廈重要的部分。我沒有看過他那麼洩氣。但是他很快從最初的震愕之中恢復過來，重新振作。面對危機和重挫，振群不怨天，不尤人。他身邊一群商業友人紛紛向他伸出援手，給予他支持和幫助。他告訴我，很多朋友主動借錢幫他渡過難關。

但是2016年10月份，祝融光顧裕廊西巴剎，他的零售分行遭到重創。接著，2019年7月，宏茂橋又有另一場火患，直接燒毀他在那裡的分店。

每一場火患都在焚燒振群的財政能力和意志。大多數人在所謂「千錘百鍊」的過程中，或許早就已經被打倒在地，一蹶不振。但是振群異於常人。他「永不言敗」的毅力，讓他一次又一次重新站起來。而更加不尋常的是，他在經受身心和財務磨鍊之際，從未停止過對慈善事業的熱心和奉獻。的確，他的領悟是應當更積極地參與慈善事業。就如他在回憶錄裡所說：「我以後的路，就是行善。」

這是偉大的使命，偉大的志業。他用自己的商業網路彙聚一群熱心公益的慈善家，定期捐款來幫助社會上較不幸的弱勢者。我瞭解振群，他凡事說到做到，絕不空談。

這本回憶錄很好地記錄至今為止關於振群的掙扎與成就。振群還年輕，我相信回憶錄出版之後，他會繼續向我們展示，人生要怎麼過才圓滿、充實和有意義，到時，他的回憶錄必然會有讓人驚歎的續篇。

first met Mr CK Ang in 2008. He came with a veteran Sembawang activist, Mr Law Shun Yong to volunteer his time for the community. My first impression of him was one of humility and respectfulness. While I found him sincere, I was not sure if he could spare the time, being such a busy boss in a very competitive market.

But CK exceeded my expectation. He joined in most community events, and not just nominally. He gave ideas, activated his business network. And he was generous with donations. He also had a practical streak. When he heard about some patients' need for temporary use of wheelchairs, he bought many for our Community Club to loan out.

In 2011, I opened his myCK HQ. It was a significant milestone in the company's then-14-year business journey. More importantly, it was a spirit-lifting business turnaround story. The 1997 Asian Financial Crisis almost wrecked the company. CK had to start afresh, relying on his family's savings and loans from friends and even staff. It was a struggle but he made it!

What was his turnaround formula? It was hard work all the way: step by step; brick by brick; dollar by dollar. He watched over details, did everything by himself, and never left things to chance. Crucially, he was never daunted by difficulties and there were many. Slowly and incrementally, he rebuilt the company. From 1 retail branch to 18, from 2 employees to 360. It was a painstakingly hard slog, not for the faint-hearted. It was a great story of resilience and the indomitable human spirit.

His relentless spirit was to be tested again. And again!

In Aug 2016, a fire destroyed significant parts of myCK HQ. I had not seen him so deflated. But after an initial shock, he picked up the pieces again. He took the crisis as a test. Throughout the crisis, he did not blame anybody, nor gave excuses for his misfortune. It helped that he had a group of close business friends who came forward to lend support and offer help. He told me that many volunteered with funds to help him tide over.

But there was to be a second fire in a Jurong West Market in Oct 2016, with severe impact on his branch's retail business there. Then, a third fire in Ang Mo Kio in Jul 2019 which directly burnt his branch there!

Each fire episode was a severe hit on CK's finances and spirit. Cumulatively, they would have floored most individuals. But CK was no ordinary individual. "Never say die!" What was extraordinary was that throughout this series of physical and financial ordeals, CK never stopped contributing to philanthropy.

Indeed, the lesson he drew from the misfortunes was to press on with charity work even more aggressively. As he declared in the Memoire: he would now devote full time to charity: 我以後的路，就是行善。A great mission, a great cause. And a great plan: he intends to tap on his business network to grow the circle of philanthropists, contributing regularly money and efforts to help the unfortunate. It will be challenging. But knowing CK, he will make it happen. He is not a man of empty talk.

This Memoire is a good record of his struggles and achievements to date. He is still young and I believe there will be wonderful sequels to this Memoire, as he continues to show us how to live a full and purposeful life.

卓林茂

南華潮劇社 署理主席／社長

2013年，為了與時並進，須要改革南華儒劇社的運作方式，以期實現創社目標，傳承優良的潮州戲劇與文化；在多位領導與社員的勸說下，我答應負起這項艱巨的任務。

首先，我們必須說服潮社領袖，運用他們的影響力，挺身協助董事會，使南華儒劇社得以推動改革，不負眾望。洪振群兄便是一位不可多得的「潮州人」，他欣然答應加入新成立的「南華潮劇社有限公司」首屆董事會並擔任副主席。

振群兄自擔任我社董事會成員後，出錢出力，親力親為，盡力為我社奉獻，直到2019年獲選為董事會主席。洪主席不但本身慷慨解囊，也發動他周邊好友，共同支援我社傳承傳統文化的使命，特別在潮劇的傳承方面創下歷來最大的功績。

南華潮劇社在2020年榮獲國家文物局頒發第一屆「新加坡非物質文化遺產傳承人」獎，也在2023年榮獲新加坡華族文化中心頒發第六屆新加坡華族文化貢獻獎（團體）。在疫情爆發期間，洪主席也以身作則，關心職員、社員、演員等的身心健康與社務進展，鼓勵大家將節目與訓練等轉向線上，盡可能維持我社的運作。在疫情期間，我社節目的播放與收視率都廣受觀眾好評。

洪主席樹立榜樣，積極對待每一專案，以達到預期的目標；他關愛董事會成員與每位員工，逢節送禮，認同並感謝同仁對南華所做的貢獻，使社務蒸蒸日上。

　　振群耗費心思，把他一生的起伏波瀾、豐富多彩的經歷，以文字記錄傳揚，這本書無疑將成為文壇一顆璀璨明珠，為讀者展示振群兄在行善路上的智慧與心得，我們對他的勇氣和毅力深感敬佩！他把一生在商場、社會/社區服務、朋友圈等的經驗與大家分享，並希望樹立榜樣，於洪家世代傳承。更值得一提的是，在準備《笑看風雲行善路》一書發布及「創意無限」攝影畫展籌款活動時，他團結了三代人，合力呈獻開幕節目。他的良善心意，也影響周邊好友，出錢出力，支援籌款目標。

　　振群的攝影作品，展現了他對生活的獨特感悟和美的深刻理解，加上林祿在老師的點綴，呈現一幅幅精美的畫卷，增加文藝交流氣氛，讓觀眾領略到兩位先生藝術創作的魅力。

　　南華潮劇社能協辦此項活動，深感榮幸，也感謝振群兄一貫的支持與鼓勵，您的慷慨奉獻與對潮州文化傳承事業的關懷，使我們能夠在文藝道路上穩健前行，謹此表示衷心感謝！

　　最後，祝賀您的自傳《笑看風雲行善路》成功出版，「創意無限」攝影畫展籌款達標，激勵更多人追求真善美，為社會、為華族文化獻出更多愛心與關懷。

振群兄是一位非常傳奇的人物，企業家與慈善家是他在人生舞臺上扮演的兩個重要角色。

他致力於慈善事業二十多年，樂施好善，常常為需要幫助的人們提供幫助，雪中送炭。即使本身的業務近年接連遭遇挫折，也無阻振群兄繼續造福社會的決心。

長期以來，振群兄更一直鼓勵身邊的朋友多做好事多行善，多年來秉承著做慈善能讓人走正道，永懷感恩之心，慈善能給他動力，從而堅定終身行善的決心。他還表示：每個人有了慈心善念，這個世界才會變得更和諧更美好！

他也擔任多項社團職務，包括潮州八邑會館名譽會長、同濟醫院名譽主席、南華潮劇社前任主席等，對華社做出了重大貢獻。

振群兄嘔心瀝血撰寫的《笑看風雲行善路》記錄了他波瀾起伏，多姿多彩的一生。書中句句真知灼見，充滿著人生智慧，為讀者展示了他把整個生命都投身到慈善事業的偉大善舉，實在令人敬佩！

這本書一定能給讀者帶來啟示，並將幫助讀者開啟人生的智慧之門。書中記錄振群兄為善最樂的思想、他的人生經驗和故事都深深地影響著我們，讓我們可從書中學到更多行善知識，懂得更多人生哲理。

他籌劃的「創意無限」攝影畫展籌款活動，更是費盡心思，把平凡事做到不平凡，把簡單事變成不簡單，團結洪家三代人，合力為籌款呈獻開幕，全心全力支援籌款活動。

祝賀您的自傳《笑看風雲行善路》成功出版，祝願「創意無限」攝影畫展籌款達標，期待激勵更多人加入行善隊伍，攜手同行、廣結善緣、共襄善舉。

疾風知勁草，逆境往往是檢視一個人品格的關鍵時刻。我有幸與洪振群師兄相交二十餘年，從他身上看到很多值得學習的人格特質，尤其是他從三次祝融之災重振事業的堅韌毅力，以及為本地社團、慈善組織、藝術團體持續奉獻的熱忱。

洪師兄創辦myCK後，我曾跟隨企業界前輩洪鼎良前往拜會學習，當時第一印象是「溫良謙和、事必親躬」，儘管百貨事業經營得很成功，但依然身段柔軟，善待員工。

2006年我首次統籌慈濟新春義賣會，需要募集年貨，於是向洪師兄請求贊助。沒想到他豪爽地說：「沒問題，隨便你搬！」這份毫無保留的信任和支援，猶如一劑強心針，至今難忘。往後的行善路上，洪師兄不僅自己樂善好施，也帶動旁人慷慨解囊。他的秘訣是「以身作則，影響別人」，對的事情，做就對了，有他登高一呼，就有更多良善的迴響！

新冠疫情期間，線下活動停擺，慈濟轉為線上弘法，善用科技安定人心。渾身散發正能量的洪師兄，成為我們線上講座的不二人選，他「千元一瓶礦泉水」的真實故事，對弱勢群體的真誠關懷，也顯示在無常中把握每個付出的當下，隨時散播愛與希望，讓聽眾莫不感佩於他的「行善如常」。

洪師兄曾說自己的行善之路，緣起於慈濟。當我翻閱這本傳記，在我眼前開展的是洪師兄跌宕起伏的精彩人生，是潮州

老闆白手起家的拼搏精神，有血有肉、有笑有淚、有情有義，淳樸真摯一如其人。原來洪師兄自幼受母親教誨，做人要「唔量唔福」，意思是有度量就有福氣，心胸要寬廣，勿凡事計較。洪氏家風其實和證嚴上人告訴弟子的「心量大，福報就大」不謀而合啊！

「我一直在磨練心智，耕好自己的心田，以自己的智慧來耕耘人生。」這段洪師兄的自白，深深打動我。無論是在深陷手足糾葛的內心交戰時，還是面對火災毀損的殘局，他總是堅持善念，不怨天尤人，也不輕言放棄。一名員工回憶那段災後重建的日子，老闆每天一句「吃了早餐才做工」，充滿安心的力量。

這些予人溫暖和信心的小故事，在書中比比皆是。人生匆匆數十載，對父母孝順，對手足忠恕，對朋友仗義，對員工仁信，也淬鍊出洪師兄開闊美麗的心靈風光。難怪他年過半百後，從攝影中找到新的樂趣和發現，並以一幅幅生活化的創作，向我們展現他內心的真善美。相信這本自傳和攝影畫展的出版，能帶給更多人超越困境的勇氣和正能量。

這十多年來，洪師兄始終是護持慈濟志業的重要後盾，我們由衷感恩，也自我鞭策要將來自十方的愛心，接力送給社會暗角的弱勢群體。

2010年，洪師兄決定皈依證嚴上人，被授予法號濟皙，而「皙」有白淨的涵義。上人曾開示，布施以後，內心的雜念也要捨掉，捨棄煩惱，才是真布施，心中會感到清淨自在。洪師兄無疑正昂首闊步，走在這條行善路上。

在這個春意盎然的季節裡，我對洪振群大哥表達深深的敬意。他的兩本新書，《笑看風雲行善路》和《創意無限：洪振群 x 林祿在攝影畫集》，終於問世了。振群大哥毫不保留地投身於慈善事業，不懈地努力回饋社會。他始終懷有一顆感恩之心，不遺餘力地關心、幫助、支持和鼓勵那些需要幫助的人。這兩本書的出版，不僅意義重大，更是為了為慈善機構籌集資金。自傳充滿了正能量，告訴讀者，即使面對生活的重重挑戰，只要心懷信念，便能在磨難中重生。

振群大哥對攝影充滿熱愛，他的作品展現了獨特而巧妙的思維，構圖完美，角度獨特，光影巧妙，色彩搭配合理。他對細節的關注讓他能夠捕捉到人物的形態和神態。他對色彩的敏感度，則使得花朵更顯豔麗。他對藝術的理解使得他的作品傳遞了積極的能量，給人帶來活力。

攝影與繪畫等藝術形式有著相通之處，都是將最美、最有意境的畫面傳遞給觀者。藝術之美既能治癒人心，也能感動人心。我很榮幸能與振群大哥合作，將繪畫和書法融入到60幅攝影作品中，展現出「創意無限」的精髓，讓藝術與慈善的力量傳遞真善美。

許多企業界人士涉足出版，但專為慈善機構籌款而出書者並不常見。振群兄（CK）是這樣一位特殊的善知識，我感到榮幸且愉快，為他的新書《笑看風雲行善路》作序。

與振群相識已有 20 多年。他是一位善良之人，當他告訴我要將自己的人生經歷寫成書時，我深感欣喜。作為真正的企業家，他的坎坷起伏人生中蘊含著做人和經商的智慧，讀者們定能產生共鳴。

振群有許多雪中送炭之友，因為他自己就是這樣的人。或許是因為他的人生經歷，讓他領悟到「求」是痛苦的，而「奉獻」才是快樂的源泉。

他的朋友劉瑞士先生（新加坡慈濟執行長）曾這樣評價他：「振群是永不放棄、永不言敗、能量充沛的人。」我完全同意他的看法。

從 2016 年 CK 百貨公司總部火災的災難中，我們看到他在廢墟中，在 10 個月內重建生產線，公司業務持續運營，沒有裁員，並持續支援慈善活動。這顯示他是一位正念且意志堅強的人，值得我國許多年輕人學習。

振群在照顧已故父親晚年時展現出深刻的孝心和真誠。老先生是雙魚集團的創辦人，年輕時從事地攤、夜市生意，將振群培養成一位成功的白手起家企業家。

振群深信佛理，相信慈悲的力量，相信敢於奉獻。從他身上我學到的最有意義的事情就是：「道心之中，自有衣食。」

大德常說：只要你有菩提心、有願心、有為眾生奉獻的心，衣食生活不會有問題，你對他人的一切善業最終必然會一絲不減回歸到你自己身上。借此珍言，與諸位讀者朋友共勉之。

「群」深往事——滄桑裡的溫柔，
　浴火中的慈悲

—— 蔡憶仁

龍年即將來臨的除夕夜，萬家團聚燈火閃暖。我翻閱著振群大哥的自傳新書，心緒也在這新舊交替的夜裡飛蕩流轉！想起這些年來他對我說的好多生命故事如今化為字句文字呈現眼前，它有如人世光影穿越，飽滿豐沛洋溢著濃濃情味。那是一幕幕一頁頁一環扣一環的滾滾紅塵與坦蕩今夕，讓我們在他的來時路，低谷期，轉捩點直至今天的坐看雲起時裡，看到一個充滿跌宕起伏人生的島國之子如何面對磨難改變命運，創造新局並且體現自己百般磨練感懷體悟後堅持以善修行的最終之路！

　　這本書是一個新加坡人的歲月回顧也是一個時代變遷的縮影，裡頭有悲歡離合喜怒哀樂演化後積極正向蘊含力量的精彩生活篇章。它所述說的人生情節映現出振群大哥一生的風霜路轉處世精髓。每一回事業的拼搏都可歌可泣，每一次的捨得奉獻都心生歡喜，每一段心靈回憶都真切感動！我想許多人都像我一樣慶幸生命裡有這樣一個人，時刻散發人性美好，喚醒良善而且親切的就在身邊！

　　第一次與大哥接觸是在電話裡，那沙啞的嗓音不知為何讓我聯想到古樹的年輪。不久後我們在加冷的食閣裡初見，那雙

深邃的眼眸彷彿是滄桑兩字的浮映。那天我們一見如故的相談甚歡，因為我們有共同的音樂偶像劉家昌老師！然而讓我印象深刻的是當聊到看見許多老人家年事已高仍需為生活而辛苦幹活，他突然有感而發眼泛淚光。那一刻我感受到振群大哥是一個至性真情之人，有著一顆善感慈懷的赤子之心。

疫情期間我們常相約在廣闊的大自然人煙稀少的清早時光裡晨運。那時候他邊走邊娓娓道來的人與事如今躍然紙上，感覺特別濃烈。小時候擺地攤的奔走流離，家族生意從輝煌走向敗壞的戲劇轉折，連番火患惡運的考驗，低潮黑暗時期的苦澀無奈，父母恩兄妹情摯友義以及鎖定的餘生慈善信念，無一不是真實緊扣努力活過的成長痕跡與生命印記！

無論日子呈現什麼迂回善變，我們所熟悉的振群大哥始終用他與生俱來的溫柔寬厚，真誠大度環抱笑看來來去去的人間事，豁然從容獨具一格！這本《笑看風雲行善路》可以說是他獨有的「群」深往事，如果以他喜歡的劉老師歌曲來註解，那就是人生迷「霧」已清晰，「一簾幽夢」正此時。

祝福振群大哥！

洪 振群是一名傳奇人物。記得幾年前到訪他的公司，看見一支小喇叭，靜靜的躺在老闆的辦公桌上。平凡的小喇叭，見證了振群從幫助家族創業，從理想，到悲傷、夢碎，到感恩，到回饋社會，無不百感交集。

振群勤勞拼搏，精明幹練。嘗盡酸甜苦辣，終於以小喇叭協助家族「喊」出一個成功的雙魚百貨集團，在當時可説是家喻戶曉，但最後卻喊到水池的水乾枯了、破產了，一切都化為烏有，精神臨近崩潰。

這名歷經滄桑、心懷慈悲的人，待眼淚擦乾後，籌措了28萬元，於 1997 年 5 月 9 日，再靠一支小喇叭，於大巴窯從新出發。這時候他的複雜心情，強忍欲流的淚水，為了家人懷著理想，不再難過，不再放棄，以驚人的毅力，短短12年再次喊出了一個春天，「喊」出了CK百貨商業集團。

雖然火浴大廈，CK大廈依然鼎立不倒，更加強大與堅固；CK百貨集團，重建輝煌放光采！這是我尊敬的好朋友洪振群人生旅程的一段故事。振群是一位好人，天生具備領袖的格局和魅力，也是一位成功的商人。一位慈善家，慈悲為懷，廣結善緣，低調行善，幫助了社會很多弱勢的同胞和團體。從落魄流浪三年到成功企業家，振群的經歷，對很多在生活上遇到挫折的人，都是勵志和學習的榜樣，也能從中找到新能量，

俗話説：天無絕人之路，我們也從他的身上學習到孝順的美德，他親力親為照顧和陪伴晚年的母親和父親，對雙親的病情瞭若指掌，連醫生都為之感動，並稱讚他是非常少見的孝子。

在我們朋友的圈子裡，振群是一位備受敬重的大哥級人物，他為人豪爽、大氣、重感情、講義氣，他常以身作則，運用他的人脈，感召很多「頭家」來一起出錢行善。據我所知，他過去的日子，捐出的善款已經超過千萬新元。配合這次的《笑看風雲行善路》的發布，和《創意無限》攝影畫展的舉行，他再次大手筆的捐款給「總統挑戰基金」和「新加坡慈濟」，並把賣畫所得的全部款項捐給慈善團體。不僅如此，他也發願下來要做一輩子的行善路，造福人群，這在現今社會上是絕無僅有的，令人讚歎。在《笑看風雲行善路》發布會的特別日子裡，願我向朋友獻上最衷心的祝賀與祝福。

目錄

不忘初心

廣緯

第
一
章

潮
安
浮
洋
洪
厝
內

我的父親是民國時期的一名保長。他有配槍，因保護母親家的牛
群免受土匪偷竊，認識了母親而墜入愛河。這段英雄護美的故
事，結局是父親贏得了美人歸。然而他們的愛情故事卻因時局動
盪，導致兩人分隔兩地、飽受相思之苦。父親於新婚後離鄉背
井，母親於7年後，才抵達獅城與父親團聚，繼續譜寫洪家開枝
散葉的新篇章。

如果說，世間事冥冥中有定數，那我得以在新加坡出生、成長，每一步皆天註定。在中國解放前，我的父母家境相當好，他們家都是地主。父母年輕時就因一段「牛犢姻緣」，自由戀愛共結連理。母親生下大哥後，父親旋即乘坐紅頭船，漂洋過海下南洋打拚，其中一個原因正是祖輩是地主，為躲避風起雲湧的政治運動，不得不離鄉背井。

我的父親洪才潤，出生於中國潮安縣浮洋鎮洪厝內。自幼居住在百年祖宅，父親婚後的新房也在老厝一隅，房間的陳設如今仍保存舊貌。凝視斑駁的歲月痕跡，揮不去的是厚重的成長回憶。故事開講，請容我也從父親過番[1]開始說起⋯⋯

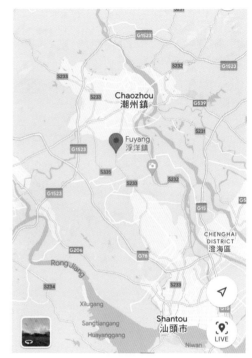

浮洋鎮地理位置圖

配槍保長

父親年輕時，既是一名帶槍維護治安的保長[2]，也是一名小商人。年僅18歲的他，於1946年在家鄉浮洋市開設「新聯盛」百貨鋪，期間因國

---

[1] 過番：指從中國移居到東南亞、加拿大、歐美、澳大利亞等地謀生的中國移民，也稱番客。
[2] 保長：民國時期的產物。保長通常由地主擔任，相當於現在的派出所所長。國民黨對保長人選極為重視，使他們能兼政治與員警維持治安的任務。

共內戰、局勢動盪，導致百業蕭條，苦撐了3年後不得不收盤。同年父親隻身一人，坐紅頭船前往新加坡，投靠我的爺爺和父親的養母。7年後父親寫信向英殖民地政府申請，接母親和大哥到新加坡團聚。夫妻倆先後在新加坡落地生根生下四男二女，擺地攤撫養7名孩子長大成人。

坐困愁城

　　1949年的中國局勢動盪，老家浮洋鎮自然不能倖免。當時父親經營的新聯盛百貨鋪，包辦結婚用品，兼賣手電筒、電池等日常用品。百貨鋪開業三年餘，建立了熟客群，無奈市道不好慘澹經營。與其坐困愁城，經過深思熟慮，為了孩子的未來，父親決定跟隨父輩的步履下南洋闖一闖，希冀能開闢一片新天地。

我父親過番前，曾在家鄉開了家小商鋪。

當時下南洋的過番客，有選擇去泰國、越南、新加坡、馬來西亞或印尼。當時父親在新加坡有三名親人，包括我的爺爺、爺爺的胞弟老四叔、父親的養母老五嬸。親人可說是父親的靠山，尤其初來乍到，人地兩生，有親人照料是件好事。

變賣產業後，父親留下部分安家費給妻兒，剩餘的錢全部帶往新加坡。這些錢除了是生活費外，還有一部分是用來還債的。

旗袍陪嫁

母親生長在一個有錢人家庭，是一名地主的女兒。母親家裡有很多田地、還飼養了很多的牛群牲畜。她出嫁時的場面浩大且風光，是全村第一位有18套精美旗袍陪嫁的新娘，一時風光無兩。

自父親隻身下南洋，母親帶著襁褓中的大哥居住在老厝。經過幾年的努力，精明能幹的母親，已是村裡針繡團隊的隊長，扮演領導的角色，日常工作是分配任務給刺繡隊員。不久後，母親就接到父親的來信，說家屬團聚的申請已獲批准，為了「過番」，母親不得不放棄自己剛起步的事業。

解放後，由於我的外公外婆是地主身份，遭到批鬥而離開人世。這段沉痛往事自然讓母親悲痛欲絕，也更加珍惜得來不易的安穩生活。

拓展先鋒

先介紹我的祖父（爺爺）洪見仁。他同其胞弟早在上個世紀30年代初就遠赴新加坡，投靠他們的二伯了。雖然說30年代是中國近代史上的「黃金十年」，國內仍有發展空間，但兩人當時仍義無反顧，決定漂洋過

祖父洪見仁，又名洪順成。

海下南洋。這是爺爺與新加坡結下不解緣的大時代背景。可以這麼說，從
我的曾祖父那一代人開始，洪家就具備了敢於到海外拓展的冒險拼搏精
神。這種勇往直前與生俱來的基因，就在洪家人的血液裡流淌著，一直貫
徹到今天。

　　1919年，我的祖父正值20歲，在家鄉洪厝內與我的祖母（劉清蓮奶
奶）結婚，生下三子一女。三兒子就是我的父親洪才潤。產下四名孩子
後，祖母不幸病逝。

兄弟結伴

　　到了1930年，祖父（他排行老二）與弟弟見禮（老四），結伴乘搭
紅頭船到新加坡找他們的二伯。在獅城生活了十年後，就在1940年太平
洋戰爭爆發前，祖父毅然動身回返故鄉，與陳玩卿（即我的後奶）結婚，
續弦後的祖父生下一男一女。

　　祖父於1945年日軍投降後再度回返新加坡，之後他再也沒有回到潮州
老家了；不過他和祖母劉清蓮的遺像，卻一直懸掛在潮州老家的房間內。

到了1956年，後奶攜帶女兒前往新加坡與祖父團聚。爺爺在1980年往生後，後奶也回返中國，與親生兒子才佳同住安享晚年，並於1984年在祖宅病逝，享年83歲。

祖叔洪見禮的華僑登記證，已有近百年歷史。

至於與祖父結伴到新加坡的親弟弟——排行老四的祖叔洪見禮，我稱他為老四叔。當時的人習慣有多個名字，他也不例外，其中一個名字就是在新加坡取的洪夢生。根據檔案記錄，老四叔是於1933年30餘歲時入境新加坡，他一直在大坡大馬路的美光齋金鋪任職。老四叔在新加坡終老，後事由父親為他操辦。

祖叔就職大坡大馬路的美光齋金鋪

父子同心

祖父甫到新加坡，首先在丹絨加東開了間火炭店。父親南來後就投靠爺爺，在爺爺的火炭店打工，父子同心協力為生活打拚了一段日子。早年火炭入口的起卸點在美芝路碼頭，自美芝路填土興建獨立橋後，船舶改在丹戎禺靠岸，而祖父的火炭店也選擇在附近的丹絨加東開設。

火炭位居「柴米油鹽」之首，在當年是一門有利可圖的行業。通常家家戶戶日常所需的火炭，都由附近的火炭店全數包辦。當年火炭業這一行，是典型的體力活，沒有叉車（堆高機）等輔助工具，搬運每包數十公斤重的火炭全得依靠人力。除了周而復始勞作揮灑的汗水，父親的衣服和雙手，更多的是長年累月沾滿的烏黑炭灰。

後來祖父改行，在麥波申三條石[注3]租下了店屋，開了家乾糧店，商號取名「順成」，專售海味等乾貨。由於大家都習慣叫他順成，當他1980年在新加坡往生後，靈位也寫上洪順成這個名字。

祖父的靈位

祖父和父親曾一起在火炭店打拚

[注3] 麥波申三條石：地標是麥波申路市場，後改成食閣（美食街），如今已拆除建公寓。

如今已拆除的麥波申三條石市場（Tan Kok Kheng Collection, courtesy of National Archives of Singapore）

獅城還債

當年除了祖父，老四叔、父親的養母（老五嬸）也在獅城謀生，父親選擇單身匹馬過番，新加坡自然是首選。然而，令人納悶的是，父親為何還來還債呢？原來，父親幾年前在家鄉籌備開百貨鋪時，由於資金不足，曾寫信給身在新加坡的養母求助，結果借到了一筆錢，商行才能順利開張營業。如今店鋪關門大吉，所借的錢就應當歸還老五嬸。父親說做人一定要講誠信，說話算數，守信才能換取別人對你的尊重。

身處動盪的年代，想要把錢從中國安全帶往新加坡，並不是件容易的事。如果通過匯款，因郵路斷斷續續，風險會很高；加上一般都是從新加坡匯錢到中國，很少有由中國往新加坡匯錢的先例。如果隨身自攜大筆貴重財物，人身安全也會受到威脅，該怎麼辦呢？

水瓶藏金

終於，父親想到了一個絕妙的辦法。首先，他把變賣財產得到的錢兌換成金條，然後到首飾店找師傅把金條鍛造成金絲，接著買一個五磅熱水瓶，因為當時出遠門的人都喜歡提那一種熱水瓶，所盛載的熱水能長時間保溫，非常實用。這款熱水瓶，其實與現代熱水瓶內膽是一樣的，唯一區別是當時水瓶的外殼都是由細竹絲編織而成。

隔天，父親提著熱水瓶，再次來到首飾店，叮囑師傅把熱水瓶底部托盤的竹絲抽掉，換上細細的金絲。大功告成後，既能掩人耳目避免被人打搶，又能避過檢查順利通關。當時過關檢查雖沒有如今的海關檢查嚴格，但還是有管控，倘若被發現了金飾，會當成走私金條而被充公。

到了登船出發的日子，父親感覺自己身強體壯，目標過於顯眼，正好排在他前面的是一名小夥子，於是靈機一動，說道：「弟啊！我行李較多，麻煩你替阿叔提一下熱水瓶吧！」

大夥順利登船後，父親旅途上將水瓶裝的熱水與小弟共用，彼此閒話家常。當紅頭船抵達新加坡後，熱水瓶還是由小弟提著，父親上岸後立即說：「阿弟啊，熱水瓶阿叔自己提就好了。」眾人在外島隔離數天，通過檢疫確定沒有傳染病後，大夥才順利踏上新加坡本島。父親帶著捆上金絲的熱水瓶，從此翻開人生的另一個新篇章。

藏金絲熱水瓶

長風破浪

我的爺爺、父親、母親和大哥等親人，一個世紀以來，全都乘坐紅頭船抵達新加坡。當時紅頭船幾乎是唯一往來兩地的交通工具，其名聲在潮汕地區如雷貫耳。它不僅僅是一艘大海上的木船，更象徵潮人劈波斬浪，勇立潮頭的頑強鬥志，代表著潮汕人敢於拼搏的精神。

自古以來，居住於南海之濱的潮汕人，很早就勇敢地衝向大海，

紅頭船代表了潮人勇往直前的
冒險精神

成為「耕三漁七」[注4] 的海上人家。對人多地少、生活困苦的祖輩來說，海洋成了他們唯一的出路。

狂風巨浪本身就是一種巨大的威脅，隨時有葬身魚腹的危險；若不幸遇上海盜，更可能面臨傾家蕩產、性命朝不保夕。海浪雖凶猛，但潮汕先人本著敬畏之心的同時，大膽地開啟了海洋探索之路，塑造了潮汕人視死如歸、團結一致、同舟共濟的精神品質。

同樣在海上載客，當時的紅頭船，與現代化的郵輪相比，可說是天壤之別。紅頭船船體結構龐大，長二十餘丈，闊八丈，外加密封的橢圓形船尾和堅固的船尾甲板室，每趟船可載貨三至四千包白糖。

注4 「耕三漁七」：意思是當地人七成的收入來自漁業，可見潮汕漁業的興盛。

載貨之餘也載旅客，當時每艘紅頭船可容納很多人。每次揚帆出海，紅頭船皆身負保障生命與財產的重任。船艙設備簡陋、每人一張草席席地而睡，空氣悶熱無比，暈浪嘔吐者大有人在。能在大海上熬過數十天，乘客需要有莫大的耐力、體力與意志力。

人善品正

父親歷經千辛萬苦來到南洋，感悟人還活著，是最大的福份。以慈悲之心立世，坦坦蕩蕩過好接下來的生活。下南洋最大的目的是希望可過好生活，把媽媽和大哥接過來新加坡。

當年父親隻身一人抵達新加坡，寫信向母親報平安後，母親帶著年幼的大哥相依為命，回歸平靜的日常生活。媽媽情商高、口才也好，與大宅內眾人關係處理得很好。白天閒來無事，媽媽經常給姐妹賭本玩四色牌，純粹是聯繫感情打發時間過日子。

物資匱乏的年代，又在有限的空間中生活，鄰里坊間難免發生摩擦，孤兒寡母免不了受到欺負。母親意志堅定，任何時候都保持從容淡定的姿態，不讓外界紛爭擾亂心緒。母親心中若有委屈痛苦，最多只是通過魚雁向身在異鄉的丈夫傾訴，父親則在回信中通過文字予以安慰……

兼容之心

在潮安當年逢年過節，母親都捨不得給孩子添件新衣服，然而每當有親戚遇到生活困難，急需幫助時，她總會毫不猶豫幫上一把。孩子常常會因為母親「厚此薄彼」的做法流下委屈之淚，母親會安慰並開導孩子。

記得當時有一名長輩問母親：「你過去老是被他們欺負，為什麼還對他們這麼好呢？」母親用潮語回答說：「唔量唔福。」有量有福，意思是有度量就有福氣，心胸要寬廣一點，不要凡事都與人計較，福氣自然來。

媽媽身體力行時，做孩子的肯定會受到潛移默化，掌握了人生的智慧，定能吸引到更多貴人相助，人生路也會變得更為舒坦。

衣錦還鄉

1984 年，中國改革開放初期，父親闊別家鄉 35 年後，第一次衣錦還鄉。當時洪厝內到處張燈結綵，鞭炮連天，像春節般熱鬧非凡。侄兒自奇回憶說：「我當時還在念書，老叔老嬸第一次回洪厝內。我記得解放牌大卡車上，運載滿滿的一車日用品，分發給親朋好友，氣氛就像過年一樣熱鬧……」

一箱箱的餅乾、舊衣褲、縫紉機、電視、洗衣機、香皂，物品應有盡有。當一整部貨車的物質運抵時，鄰居們都投以羨慕的眼光。很多人聞訊蜂擁而來領取禮品，大家都非常開心。富貴不忘本，父親每次回鄉探親，必定去探望他的老朋友，順帶給他們一點錢，濃得化不開的鄉情躍然紙上。

當年 10 多歲的堂妹洪淑娟把漂亮的衣服穿在身上，感覺無比開心。猶憶初中舉行學校運動會，同學還向她借漂亮的連衣裙，為的是穿得光鮮上台領獎，贏來全場讚歎的目光與掌聲。

四分肥皂

當時的中國一般人穿的衣服，破了洞也不捨得丟棄，繼續縫縫補補，早已習以為常。父母帶去的長條形狀肥皂，有鄉親把它切成四塊，每戶人

家分一塊，見者有份。在那個物質稀缺的年代，鄉親們都本著有福同享、同舟共濟的精神。自84年起，父母多次把物質送往家鄉。父親2015年父親最後一次回到洪厝內也攜帶了不少衣物，到今天仍有親戚穿著父親9年前帶來的衣服呢！

按照當時的風俗，凡領取了物質的同鄉，都會拿著兩個雞蛋來見父母回禮。問題來了，要是雞蛋全都收下，該要如何處置呢？這又是一個令人傷腦筋的問題呀！

百年祖宅

洪家是大戶人家。翻閱歷史紀錄，洪家祖宅——洪厝內，是由兩部分組成。一邊是老厝[注5]，另一邊是新厝。

先説老厝。200 年前，洪家祖先五十一世祖洪松盛，於清朝道光三年（1823 年）以白銀 300 兩，買下了「土庫樓」[注6]，這幢樓就是今天的洪厝內老屋，也稱作松盛內。因此，洪松盛可稱得上是洪厝內的始祖。

後來，松盛公的曾孫——五十四世祖聞達公兄弟 5 人，合力在洪厝內老厝的左邊空地，又興建了一個新的大宅（俗稱新厝內），至今也約有120年的歷史。百年前的洪家，是有錢的大戶人家，也是鎮上比較有影響力的家族，這可從新厝內的建築風格窺知一二。

大門口的迎門牆石雕浮，提供了洪家曾是大戶人家的脈絡。牆石雕上了文武狀元吉祥圖案，寓意子孫狀元及第，指日高升，五子登科，金榜題

[注5] 厝：屋的潮語發音。
[注6] 土庫樓：土庫是明朝萬曆年間，荷英商人設在中國沿海地帶的貿易站，用來藏銀兩、堆貨物，至今約 450 年。

名。邁入大門，呈正方形格局的天井，給人一種豁然開朗的感覺；上廳正堂映入眼簾，旁邊的小臥房，正是父母親當年的婚房。

父母婚房

父母親對新厝內是有一定的感情。當年當他們共結連理後，婚房就在祖宅的其中一個房間，如今仍保留著多年前的陳設。從掛著捲簾的房門進入房內，進入眼簾的是一張鋪上草席的木床。一個白色的蚊帳，由床腳四周延伸而上的木棍支撐起，蚊帳保障了入眠時睡得安穩。

床邊靠牆角處，有一個深褐色木製衣櫥，在床的另一隅有張堆滿了雜物的小圓木桌。踩在宛如巨無霸磚塊的古老地磚，頓時給人一種時光倒流70年的錯覺。遙想父親當年隻身下南洋，母親與剛出生仍在襁褓期的大哥，就在這個小房間裡渡過了7年，也是在這裡培養起深厚的母子情。

上個世紀80年代中，父母親首度回到闊別30餘載的祖宅巡視，塵封的記憶立馬變得清晰。青春歲月的痕跡歷歷在目，寫在臉上的卻是恍如

老厝正門顯眼對聯

我父母結婚時住過的新房

隔世的喜悅。觸景生情淚兩行，此情此景永難忘。自此以後，父母基本上每年都回祖宅探望，每次都住上十來天；當年的小婚房，如今看起來雖簡陋，但今天仍有人居住。

每次當我回到祖宅，懷古幽情躍然紙上。我的祖父祖母住過的房間，至今仍懸掛了兩張照片，分別是祖父洪見仁、祖母劉清蓮兩位先人。每次當我來到這個房間，彷彿進入了時間穿梭機，回到了孩提時代，空間卻切換到祖父在新加坡的點點滴滴，一幕幕往事湧上心頭。

修繕祖宅

由於受到白蟻侵蝕，祖宅部分房梁損壞嚴重，有塌陷的風險，我在2017年和我的堂弟、堂妹及親人合資重新修繕祖宅。當煥然一新的屋頂落成後，洪氏鄉親都聚集一堂，到祖宅見證這高光時刻。此舉除向後輩傳達飲水思源的理念，也願洪家內外子孫同心同德、光宗耀祖。

梁柱中間的子孫楹，畫上「元亨利貞」安楹。元、亨、利、貞為《易經》中的四德，取自於自然界植物的生長過程，寓意祖先之德，護佑後輩，這讓我對古人的智慧，有了更崇高的敬意。

老厝巡禮

説到古人的智慧，體現在日常生活的方方面面。追溯200年前，由洪家祖先五十一世祖洪松盛興建的祖宅，老厝大廳的作用，就有點像現代的防空壕。住在宅裡的人，一旦發生什麼緊急情況就可跑進大廳裡頭避難。這裡儲藏了一些食物和食水，可讓人暫度險境。

大廳還有樓梯攀上閣樓，閣樓四周都是可互通的走道；對外的窗戶原先

年久失修的房梁

老厝修葺後，房梁畫上
「元亨利貞」安楹。

只有這兩個小孔，用來監視外面的動靜；明末清初，只有大戶人家才有此規
格的大宅。除了安家居住，在非常時刻更是發揮了保衛家眷安全的作用。

集資修葺

　　如今老厝已空置，最後的居民是一位視力不佳的老婆婆。幾年前老婆
婆已搬離老宅，如今也已過世了。祖宅老厝現在由宗親代管，宗親們最近
有一個想法：集資修葺。我將會主導這一次的祖宅修葺工程。

　　首先，從最簡單的清理工作做起，先把老厝內的雜物清理乾淨，重
新粉刷後，再購買一套沙發，讓老人家可以在這頭輕鬆喝茶聊天，積累人
氣。老厝恢復乾淨整潔的容貌後，裡面就可以舉行祭祖儀式。一些拜祭的

用品，包括燭台，最早是父親出錢叫人做的，如今30多年過去了，不少被老鼠咬壞不能使用，必須重新購置。

新冠大流行期間，老厝已有4年沒有拜神了，庭院雜草叢生略顯荒涼。若要進行更大規模的祖宅修葺，必須制定一個更周詳計劃。這是任重道遠的重擔，它關係到祖宅修葺完善後的永續管理事工。除了找人出錢，更需要有三、五名像侄兒一樣志同道合，有使命感的人選來推動。

祭祖大典

每年的農曆正月二十六日，信奉神農氏的洪家後人，會在老厝舉行祭拜儀式。基本上當天洪姓家人都會回歸，每年正月侄兒都得親自出馬，到

老厝與鄉親父老大合照

祭祖活動像春節般熱鬧

每家每戶徵詢，籌集一戶 300 元的基本金。若 27 戶人家全部到齊，大約會有 100 多人參與其盛，遠在外地如身在廣州、深圳家人，就捐錢以表支持。

　　洪家人所信奉的神農氏，又稱炎帝。華人視之為傳說中的農業和醫藥的發明者、守護神，尊稱為「藥王」。有關神農嘗白草，更是一個家喻戶曉的神話故事。一些廟宇在每年農曆正月二十六、三月二十都要舉辦廟會，以祭祀炎帝與其母女登，而洪家也選擇正月二十六這一天舉行祭拜儀式。

洪厝祠堂

原本洪厝內有一祠堂，就位於老厝後面，叫志誠堂。祠堂是華族傳統文化的象徵，是一個姓氏宗族的家廟，以供奉祖先之靈，祈求賜丁降福，延續一脈香火，繁衍子孫後代。祠堂也是宗親當中，有重大事項用來聚會商議的場所。例如舉辦家族內子孫的婚、喪、壽、喜等人生大事，平日還可供私塾使用。

早年的洪氏宗祠──志誠堂，就有自己的私塾。在民國時期志誠堂的規模，在浮洋鎮是數一數二的。可惜在解放後因各種原因被政府徵用，曾一度為浮洋鎮政府所在地，如今已成為潮安區職業技術學校的校址。志誠堂舊址如今只殘存宗祠後廳、以及私塾（書齋）的斷牆殘瓦。計劃中清理修葺的老厝，可接過部分原本屬於祠堂的功能，包括舉行祖先祭拜活動。

洪氏宗祠如今已變成一所學校

學校一隅，殘留宗祠志誠堂後廳和私塾斷牆殘瓦。

夫妻葬墓

年農曆十月十五，洪家按潮汕冬節習俗，給祖先掃墓。上墳掃墓一般在清明和冬至，分別稱為「過春紙」和「過冬紙」。

一般情況下，人往生後前三年都應行「過春紙」俗例，三年後才可以行「過冬紙」。但潮汕人大多喜歡行「過冬紙」，原因是清明時節雨紛紛，道路難行；冬至少雨陽光充足，在野外舉行祭祖儀式較為方便。

農曆十月十五，洪家舉行「過冬紙」為祖先掃墓。照片的墓葬地的是我的後奶陳玩卿祖母。她原本在新加坡定居，在我的祖父洪見仁於1980年在獅城逝世後，獨自回返潮州老家，並於1984年往生在家鄉入土為安。墓地只用祖父生前穿過的衣服（衣冠）與陳氏祖母合葬，並把早逝的奶奶劉清蓮祖母的名字也刻上，形成完整的夫妻合葬墓。

耳濡目染

我從小就經常聽爸媽說家鄉往事，可以感受到他們的思鄉情懷。雙親思念鄉下的兄弟姐妹，尤其是母親的妹妹，我的姑姑等親人。

祖父母的夫妻合葬墓

「過冬紙」掃墓是
潮汕人的傳統習俗

每當他們訴說故鄉情誼，我總側耳傾聽，當時只是感覺到好奇，父母口中的「家鄉」，到底長得什麼樣子？父母經常寄大包小包日用品回去的，到底是個怎麼樣的地方？

在我幼小的心靈裡，很早就埋下一顆種子，有一天，我要到父母親的故鄉，親眼看一看。終於，在千禧年後的春天，我放下忙碌的生活節奏，第一次陪伴父母親回返潮州老家。

好奇驅使

基於好奇心的驅使，我主動跟隨父母回家鄉看看。第一次陪他們去潮州故鄉，住在潮州市的酒店，當時的條件仍不好，吃住都不達標。空氣素質也不好，市區內車輛排放的廢氣，經常讓我

歲月斑駁的古井

感覺非常的不舒服，我開始擔心自己適應不了當地的環境。

第一次回鄉，對我來說，是件極其新鮮的事。我可以想像，這片曾孕育父母親年輕歲月的土地，是何等神奇的地方。尤其當我回到父母親成長的地方——老厝，第一次融入故鄉的氛圍，感覺真的很特別，非常的親切，怎麼周圍全部人都在說潮州話？這種清一色潮州人的氛圍，完全不同於新加坡的多元種族環境。

自小就說潮州話的我，自然感到非常的親切。我當時想，怎麼會有這種地方？母親告訴我，那個就是她年輕時住過的房間。老人家的穿著都很古樸，跟新加坡截然不同，這是我對潮安家鄉的第一個印象。

兩張輪椅

往後，我繼續陪伴父母返鄉省親。2010 年的那一次，我慶幸能陪母親回去，隔年她就往生了。如今回頭仔細觀察母親的照片，因她的腎臟不好，臉龐已現浮腫。當年父母親已行動不便，要照顧兩名坐輪椅的老人家，絕非易事。把兩個輪椅推上飛機，也必須做特殊的安排。

當我翻閱照片，一幕幕往事湧上心頭淚暗垂。2015 年我再次陪伴父親回鄉，原本計劃再多陪一次，無奈父親患上了尿失禁，再也無法乘搭飛機，回鄉的願望也不能實現，讓我留下了遺憾。

當初老人家知道母親回來了，都會不約而同到老厝聚合。母親與鄉親們徹夜不眠，總有談不完的陳年往事。我就坐在一隅，靜靜的聆聽。我喜歡陪伴母親，就和當初小時候父親半夜做香粉，我躺在她身邊陪伴的情景一模一樣。

祭曾祖母

2016 年 myCK 總部大樓發生大火，兩個月後，又受裕廊西巴剎大火嚴重波及。頻頻發生火患，我特地回返故鄉，祈求祖先的庇佑。我上山來到祖墳前，向已有 180 年的歷史的曾祖母曾氏嫲叩拜，祈求賜福。

當時我還發了一個願，每一年都會回鄉祭拜祖先，順道見見家鄉的親人。雖然很多親人，早已各奔東西，但老家還在，我願意經常回來，因為這裡是我父母的出生地，也是我的根。

在 2018 年，我詢問侄兒自奇，是否可以在老家洪厝內，召集分散在各處的親人，回來吃一頓家宴。結果在侄兒的安排下，我們擺了十桌，約 100 人出

母親凝望韓江水，似乎在回憶年
輕歲月的美好。

潮州古城前，今人惜相伴。

父親最後一次返鄉大合照

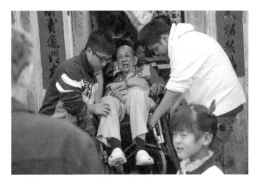

輪椅上的父親要多人攙扶

百人家宴，共敍鄉情。

席。有些洪氏同鄉，還特地從廣州回來，共襄盛舉。後來我每一年都回鄉，也繼續宴請，直到疫情後暫停。

　　我深深感覺到，這是一次別具意義、有濃烈鄉情的大聚會。我們都説潮州話、是同祖同宗的「家己人」，我會在不久後的將來，恢復舉行家宴，讓我與家鄉的情份，一直延續下去，直到永永遠遠。

慈母種樹

　　新中國49年成立後，各種社會運動如火如荼地開展，其中一項是全國性的植樹運動。50年代中旬，20多歲的母親為響應國家號召，成了愛國園丁，親自在老宅的花園種下了6棵鳳凰木樹苗。

　　歷經68年風雨，由母親親手栽下的鳳凰木，早已茁壯成長。樹冠寬大，樹葉茂盛，綠蔭下徜徉的老人悠閒自得，孩童在歡樂玩笑，處處洋溢著生活的愜意。

父親祭祖，保佑子孫平安昌盛。

兒子祭拜祖先

當年政府為了綠化祖國，購買了很多樹苗，動員群眾支援政府的號召植樹。住家若是屬於比較大的房子，政府就會派員前來勘查，一般會指定要綠化這塊地，這是當時國家賦予的社會任務，回應者也體現了高尚的愛國情操。母親就是在這樣的氛圍下，向政府領取了免費的樹苗，當起了園丁，親手種下6棵鳳凰樹苗。

鳳凰木原產自非洲，蒼勁挺拔，樹葉茂盛，是熱帶及亞熱帶常見的遮蔭樹。鳳凰木在汕頭也稱為「金鳳花」，亦同時是汕頭市的市花，汕頭大學以鳳凰為其校花。

母親68年前親手栽種的鳳凰木

驚豔初夏

五月初夏花開，朵朵鳳凰花，宛如一隻隻火鳳凰，棲息在翠綠的枝葉上。鳳凰花開，象徵富貴吉祥；一片火紅，在陽光下閃爍生輝，美得令人窒息。我們與鳳凰花的美麗邂逅，或許就在下一次不經意間的抬頭間。

樹苗種下不久，母親便接到父親的來信，說是新加坡殖民地政府已批准接納家眷的申請，母親得以連同7歲的大哥，動身到新加坡與父親團聚。母親來新加坡後不久就懷上了我，我於57年出生。同年年底，一場史無前例的大規模政治與社會運動在中國爆發。母親和大哥能躲過動亂，我能在新加坡降臨人世，冥冥之中有定數，這是我所堅信的。

把鏡頭拉回洪厝內家鄉，近年有兩棵鳳凰木，因白蟻蛀蝕嚴重，為了安全起見，鄉親們不得不砍伐。物換星移，栽樹人雖已作古，但她所留下的餘蔭，卻庇護著後人世代繁茂昌盛。

牛犢姻緣

父母親是通過自由戀愛結合，他們從邂逅到共結連理，我知道的不並不多。出於好奇，在汕頭的一次聚餐會上，侄兒自奇的母親，對這段姻緣往事如數家珍娓娓道來。

令人意想不到的是，撮合父母的竟是一群牛！母親家是有錢的地主，飼養了許多牛，有黃牛、水牛，雖算不上家財萬貫，但當時也是相當有經濟實力的地主，和父親可説是門當戶對。

有錢人也有他們的煩惱。母親家最擔心土匪入夜會去偷搶他們家的牛。如果不幸被土匪盯上，輕則損失牛隻，重則人身安全也會受到危害。局勢不穩也助長了亡命之徒的氣焰，有些土匪甚至擁有槍枝。在兵荒馬亂的年代，鄉民們都想盡辦法自保。

母親回鄉省親，隔年病逝，令人無限唏噓。

快樂大家庭

一家人與父親合照

在潮州我與叔叔相見歡

結語

父親當時是一名有配槍的保長，協助保護村民的財產。母親家於是把牛隻都牽到洪厝內的庭院寄養。當時土匪搶劫過程非常凶殘，經常使用暴力，在夜裡擔當起保護牛群重擔的父親，隨時做好準備犧牲自己，在必要時拔槍與敵人火拼的心理準備，讓我非常佩服父親的英勇精神。

父母親因牛群而相識，兩人門當戶對，加上兩情相悅，成就了這段天作之合的「牛犢姻緣」。我雖不在潮州老家這片土地成長，但我卻對父母親成長的故土，有一份特殊的感情。每當我回到潮安洪厝內，就感覺到有種說不出的親切感。這裡是洪家的根，飲水思源是我的本。

遙想75年前，我的父親和爺爺在丹絨加東 Wilkinson Road 旁的店屋售賣火炭，這個位置與我兒子偉雄正在興建中的屋子近在咫尺，祖先的庇佑似乎冥冥之中自有安排。

父親和爺爺，曾在威京遜路（Wilkinson Road）旁的店屋經營火炭店。

第二章

成長歲月地攤情

鴻蒙初辟

當黎明破曉的第一抹曙光，尚未穿透雲層，黑暗仍籠罩著大地，清冷的巴剎[注1]已依稀瞥見洪家大妹淑君、小妹淑娟分別孤坐在凳子上霸位的背影。「坤啊[注2]，快把布拉好霸個好位！」歲末東北寒風，吹不掉兄弟們額頭上豆大的汗珠，更驅散不了大夥同心協力賺錢的熱忱。橫跨地攤前的布條，是江湖上約定俗成的潛規則——這裡是我的領地，仿彿在告知遲來者：「嘿！朋友，不得越雷池一步！」

獨立後百業待興的新加坡，催生出不少民營企業家。被譽為人間煙火的地攤經濟，在70年代冒出了許多路邊英雄。任誰也想不到擅長賣毛巾的無牌照地攤王，最終發展到一個雄心勃勃一心想掛牌上市的商業集團——雙魚，行行出狀元對當時如日中天的洪家來說是真實寫照。

雙魚集團是做流動夜市Pasar Malam生意起家。70年代初期我們五兄弟為生計開始早、晚擺地攤售賣日用品。我們當時沒有遠大目標，也沒有宏偉的願景，只緊隨號

新加坡早年熱鬧的路邊攤街景

[注1] 巴剎：馬來文Pasar音譯，指菜市場。
[注2] 坤：群的潮語發音。

稱「lelong 王」大哥的步伐團結一心，純粹為追求三餐溫飽的簡單理想。回憶起年少時期起早摸黑的歲月，我臉上仍不時泛起幸福的笑靨。我們從小跟著父母謀生，父母親早上到巴剎擺地攤跑地牛（小販稽查員），晚上則到流動夜市做生意，闔家幸福快樂。

地攤靈魂人物大哥洪振鈿繼承洪家衣缽，以領頭羊姿態帶領我們兄弟闖天下。我比大哥小 7 歲，我家中排行老二，從小就折服大哥在銷售方面與生俱來的天賦。我們經常清晨 5 點多鐘，就到巴剎拉布條霸位。大哥是一名很有天分的銷售員，每當他喊：lelong！lelong！[注3]，大批uncle、aunty（叔伯阿姨）就被他的叫賣聲所吸引，紛掏腰包買東西。我和弟弟分工合作把貨物擺好，協助包裹貨品和收錢，同心協力其樂融融。

地攤稱王

「lelong！lelong！10元3條！」是大哥當年在地攤界，跑地牛最有名的口號。那時大哥非常出名，毛巾大王、lelong 王真是霸道！吆喝式的叫賣，源自日本文化，叫賣人身體劇烈抖動，上下起伏聲嘶力竭，喊到沒有聲音時，可以擊掌示意，蜂擁搶購的熱鬧氛圍讓圍觀者為之瘋狂。多年後大哥回憶地攤生涯時說道：「那時我是天王巨星嘛！在同一個賣場裡風頭十足沒人能與我相比。我當時自以為很厲害，但如今回想起來卻有種『假厲害』的感覺。那時年輕的我，自認為火力強到競爭對手見到我都怕，但這些都是雕蟲小技，賺不到大錢的。我只是其他攤販見到就怕的『路邊英雄』，事實上是沒有什麼大作為的小人物。」大哥的童年與弟妹們一起

[注3] Lelong：馬來文，拍賣之意。

半個世紀前，類似圖中老婆婆售賣日用品
的地攤，在新加坡遍地開花。

地攤售賣的日常用品，應有盡有。
（Ministry of Information and the Arts
Collection, courtesy of National Archives
of Singapore）

時尚服裝，路邊攤一大亮點。（Singapore Tourist Promotion Board Collection,
courtesy of National Archives of Singapore）

架起煤油燈，光明照四周。（新報社媒體）

開心渡過，也堅信自己所做的一切，從沒有為私利出發。

　　大哥點子多頭腦靈活，是擺地攤「所向披靡」的關鍵。他一個快速增加毛巾銷量的例子是：枕頭睡久了怕沾上油膩膩的髮油，如果在枕頭上蓋一條毛巾，問題就可引刃而解。「我這款毛巾是萬能的，可以當浴巾，也可以抹手，又可以防止髮油，可以有多元用途」；結果大哥發明的「萬能論」，果真打動消費者成了暢銷品。擅於捕捉人們日常生活面對的問題加以發揮，以變通的手法為產品製造買氣，大哥這種方式在當時相當罕見，也非常成功。

兄弟兵

　　我們兄弟跑地攤，發揮了苦行僧般刻苦耐勞的特質。每天黎明時分，我與弟弟結伴從阿裕尼趕搭計程車，到全島不同地點的巴剎跑地牛[注4]。當時地攤生意好，大哥帶領我們去賺錢，對弟弟們照顧有加。哥哥是天生的領導，到了巴剎他就去看報紙喝咖啡，我們負責把毛巾等貨品排好。表演時間一到，大哥出場的架勢，就像偶像藝人登臺般，圍觀的阿公阿嬤、叔叔阿姨為之傾倒，經過一個半小時的吆喝攬客，貨品總被搶購一空。

[注4] 跑地牛：躲避小販稽查員，地牛則是稽查員的外號。

今天如果賺了100，大哥就當場給我10元；賺多少總之隨大哥給，我們相信他賺多給多賺少給少。我們賺的錢全部交給大哥，由他再分給我們，信任就是從那時候建立起來。擺地攤的日子周而復始，直到1978年第一次開店。開店初期，我們同樣秉持地攤薄利多銷的經營模式。搬到店裡我領300元月薪，店裡的收入全交大哥保管，我們從不過問大哥如何使用他的錢。我們從小就把大哥視為偶像，這是我們兄弟間的信任、默契與合作方式。

我入伍國民服役前就自立門戶，加入地攤大軍。那時大哥、我自己和弟弟各據一隅擺攤。清晨跑地牛的地點分散在金吉、芽籠、中峇魯、大成、大巴窯等等地方的不同巴剎巷子，全新加坡走透透。由於沒有營業執照，地點也不固定，要去哪全憑當天的直覺。晚間夜市地攤有執照，就有固定的落腳處。傍晚

父親駕奧斯汀貨車，為家人生計拼搏。

約5點鐘就要去拉帆布，三個人分兩部計程車分別出動。父親駕著一輛奧斯丁貨車。夜市每晚有兩處營業點，一個固定在武吉知馬七英哩，另一個每天不同區域：禮拜二阿裕尼、禮拜三裕廊工業區、禮拜四烏美馬達、禮拜五後港5條石、禮拜六丹戎禺、禮拜天則在大巴窯。巴剎跑地牛要很早起身，如果需要多人幫忙，大哥就把酣睡中的弟弟強行拉起幹活。大哥通常是星期天和公共假日人潮多時，才叫小妹淑娟或大姐淑君清晨坐在攤位前霸位。弟妹就負責坐在凳子上，時間到了大哥就來叫賣。

跑地牛的規矩是先到先得。天還沒亮就要到巴剎，遲了被人捷足先登就沒好位置了。霸位只鋪一塊布，人得在現場守著。白天跑地牛地上鋪塊

布，把貨品直接往上擺，賣的是毛巾、背心、爽身粉、臭丸等日用品；頭頂上沒有遮擋，下雨時就得即刻撤退。大哥當兵時，拿了兩箱牙刷售賣，不一會工夫貨就被搶購一空，初試啼聲的他，有此成績顯得非常開心。晚上雖有執照，但營業形式同樣簡約，攤位沒有任何裝飾，直接把貨放在地上叫賣。地攤文化類似今天的快閃表演，打了就跑，逗留幾個小時賣完就撤。弟妹印象中的大哥，賣東西超級厲害，什麼貨品到他手裡一定能賣完，可媲美現在的網紅銷售高手。

商人轉世

弟妹從小把大哥當偶像，對他的信任甚至延續到雙魚破產後。大哥自豪地說：「我在零售方面特別厲害、天生的無師自通。我母親替我相命說我命中註定做生意，因為我的前世也是一名打算盤的生意人。再難銷的貨，我也賣得掉，而且獲利頗豐，在夜市賣寒衣（冬裝）就是一個例子。雨季晚上天冷，許多女孩子要穿寒衣，我特別拿手推銷，賺了不少錢，還經常把寒衣賣個精光，得漏夜到水仙門補貨。年底天氣冷，大哥就開始賣寒衣。三弟有一次還問隔壁同樣賣寒衣的同行，為什麼我們賣一樣的價錢，我家老大可以賣這麼多？你卻賣不動！

天天生日

我打從心底佩服大哥，大哥的叫賣功夫，所向無敵，什麼東西到他手上都賣個清光。從小大哥就是我的偶像。大哥說：「夜市一般由我最勤勞的三弟振銘和大妹淑君看顧攤位，我只在人潮最旺的時段──晚8到9時才出現，並喊出自己的口號：「來呀！便宜賣！」不一會工夫就把貨品賣

完。」大哥説：「母親賣內衣，弟弟賣日用品，我專長毛巾。你曉得我經手的毛巾銷量有多驚人嗎？我賣毛巾的量，大到可以與僑興公司出入口商的老闆陳蒙志稱兄道弟，當年每次進貨的數量，皆以上幾萬打計算的。」

上個世紀 70 年代的僑興，是最著名的毛巾出入口商之一。貨源充裕、待客公道和價錢合理，讓僑興在業界頗有聲望，是很多零售商辦貨的首選。我們與僑興買貨的關係，始於 70 年代，大哥與僑興老闆陳蒙志（職位經理）從此結下不解之緣。陳蒙志説：「洪振鈿在零售業裡開了一條新路。當時的洪振鈿在零售是一朵『奇葩』，這也是為什麼我會支援他的原因。」

大哥自豪地説，數目再多的毛巾他都有辦法賣完。原因是他懂得怎麼賣，秘訣在於靈活。譬如説：毛巾一打賣 4 塊錢，吸引力不強。大哥會説今天是一個特別的日子——他的生日。説穿了他每天都生日，每天都給顧客打折，三打賣 10 塊錢。大哥與陳蒙志親如兄弟、唇齒相依的關係，導致陳蒙志身邊的人大惑不解，包括為何賒給大哥 20 多萬元的賬？質問他跟大哥到底是什麼關係？針對這個「江湖傳言」，陳蒙志澄清説，從來沒有人質問過他，因家族企業的所有人都非常信任他。他擔任僑興公司經理月薪是 400 元，自己從來沒有額外多拿一分錢，沒有支取交通費、應酬費，也不請人吃飯。雖然與銀行來往這麼多年，他也從來不請銀行的人吃飯；陳蒙志的樸實作風，普遍受到銀行同業的尊重。

陳蒙志説：「洪振鈿當年來買貨，他沒有本錢想要賒賬。別人不敢我卻敢。開始時賒少一點，他準時來還錢，結果賬越放越多。後來他從跑地攤變成開店，店裡需要的貨品數量比過去更多了。他沒有本錢，我於是全讓他賒賬，讓他慢慢做起來。」僑興是洪家的恩人，當年僑興幫了大哥很多。洪家兄弟都非常尊敬陳蒙志前輩，而大哥有毛巾大王的稱號，也是拜僑興的支援所賜的。

　　從旁觀察大哥多年的三弟，如此生動地形容其獨特的推銷技巧：「他的眼神與自信是與身俱來的。他像一名魔術師，死氣沉沉的貨品到他手裡，馬上生龍活虎起來了。別人貨倉賣不出去的滯銷貨，經常由大哥包下，掃便宜貨更是他的看家本領。」大哥自豪地說：「光有膽量不夠，有本事把貨賣出去才見真章。」他知道自己的三寸不爛之舌，可以輕易打動大叔阿姨，因此從不擔心銷售位置差，他的生意總能贏過別人。

　　小妹補充說，有一回當她的同學赫然發現，並以充滿驚訝和羨慕的口吻問道：「那是你的哥哥呀?!」小妹才恍然大悟大哥的魅力無法擋。然而事隔多年後，大哥又對她誇口說，他賣的水果是全新加坡最好的！小妹頓時覺得大哥到現在還停留在 70 年代。她感歎大哥有一個很好且充滿活力的起點，可惜中途出現了錯誤。

　　陳蒙志說：「我十分欣賞洪振鈿。他有一個本事，那些很難賣的東西，到了他手裡就可以賣掉！我們倉庫裡有很多慢銷、滯銷、不銷的貨，他統統替我清掉！幾乎沒有他賣不出的東西。什麼東西到了他的手上，別人碰都不敢碰的，他都可接收、可以清掉，這給我非常深刻的印象。我從此對這個人另眼相看，認定他以後會有成就。」

禁口花花

　　在上個世紀民風相對保守的 70 年代，大哥以過人的口才，幽默的談吐，靈活的推銷手法，在當時的地攤行業顯得出類拔萃；而自己訂下嚴格的專業操守讓團隊遵守，例如誠懇以禮待客，從不調戲女孩子等。他說當時地攤環境複雜，有些同行口花花（言語輕薄），專佔女顧客便宜還樂此不疲，一些居心不良者，甚至在賣東西時，偷看女孩子的底褲。大哥說：「我們作風正派，逢星期三在裕廊的夜市攤，很多女孩都主動找我聊天，

早年一眼望不到盡頭的夜市場（Singapore Tourist Promotion Board Collection, courtesy of National Archives of Singapore）

貨賣完了還替我收拾攤子。」當時裕廊工業區有很多工廠，女工下班後，都主動跑來地攤幫忙，一分錢酬勞也沒取，似乎能與能言善道的 lelong 王聊聊天，就已心滿意足了。

貓捉老鼠

　　目前在 myCK 服務的三弟振銘說，白天跑地攤有「三苦」：第一是早起，第二日曬，第三要忙碌收攤。三弟生性勤勞，從小跟著大哥跑地攤。他經常最早到場排貨等老大來叫賣，排好貨後烈日當空，又得寸步不離忍受酷熱，賣完了則忙著收拾乘計程車回家，預備晚上另一輪的夜市衝刺。弟妹認為最苦的莫過於與執法人員的周旋。地牛來突襲那一刻，地攤客一

窩蜂逃竄的場面極為「壯觀」，讓人難忘。地牛不知何時「殺到」的壓力實在難以言喻，心臟得無時無刻承受巨大的壓力，就算沒有擺地攤，在路上偶遇地牛捉人也會提心吊膽，內心的恐懼陰影揮之不去，這是弟弟妹妹跑地攤所付出的代價。

年少體格瘦小的三弟，遇地牛往往本能地隨手抓起身旁貨品往外跑。邊跑邊東張西望的滑稽動作，看了令人心酸。逃跑時瞥見有空隙，就即刻鑽進去，有時乾脆鑽入店鋪躲避風頭，萬一不幸被捉，只好自認倒楣。三弟說：「我們賣的毛巾和襯衫比較多，若這些貨來不及抱走，就會被充公。人被逮到還得繳150元罰金，重犯則上法庭最高可被罰400元。三弟有多次被捉的經驗，到最後索性貨也不要了，空手逃命，因重犯太多次，被捉到罰款數額太高並不划算。躲地牛也有一定學問。地牛原本穿制服，後來卻換成便衣執法，要辨認他們愈加困難。在兀蘭有藏身在樹上的付費「看水」人，當地牛悄悄來襲，把風者會在第一時間通報攤商立馬「散水」。

淚灑現場

每當我回憶起少年時期，被地牛逮到時的情景，永生難忘。有一次我在金吉路擺地攤，遇到稽查員捉人，我眼明手快順手把身旁一大捆「鵝標」襯衫，抱起就狂奔進一個巴剎裡，見到有一個菜筐，於是拿它罩住襯衫，自以為神不知鬼不覺，想等地牛走後再開市。殊不知中了調虎離山之計，稽查員的車走了，人卻在附近埋伏把我活捉，把所有的貨物搬上車充公。當年14歲年少的我，一時間不知所措竟當場哭了，請求不要搬走我的貨。後來被控上法庭，法官訓斥我為何不好好念書，小小年紀卻違法擺地攤，貨物全數充公還罰款150元。

紋風不動

　　大哥對地牛的態度，似乎奠定了他是 lelong 王者的風範。問他害怕被地牛捉嗎？得到的答案竟然是很快樂！他解釋說：「我不怕被地牛追，因為我經常穿著光鮮得體，我一點都不害怕。我就站在原地不動，地牛從沒有懷疑過我是跑地攤的，因此地牛來了，我並不害怕，還感到很快樂！哪裡會緊張？」面對地牛毫無懼色，還把自己形容為「勇敢之人」的就是大哥。弟弟年紀小被地牛捉，罰款低就由他們頂罪，充其量被罰比較便宜，超過15歲的成人，罰款較重，被捉次數越多，罰款數額也越高。

少年法照

　　我同法照大和尚的一次聊天，他無意間透露自己少年時代也曾喊過 lelong，在馬來亞銀行前擺過地攤。法照師父竟與我有相同的經歷，令我十分驚訝。

　　他說，以前跑地牛時，是有組織的，有專人負責看水、吹哨子。我們聽到暗號後，就知道地牛來了，大家分散逃走，各安天命。地牛也有分好壞的，有些心存善念，他們只是打份工，只是奉命來捉你；因此他們來的時候，會故意放慢腳步，讓你們有機會逃走；只要你不要讓我看到，我就放你一條生路。

　　但也有完全相反的「壞」地牛。法照師父親眼見到一個賣水果的，地牛把他的水果，狠狠地使勁全部往車上丟，把所有水果全砸個稀巴爛，驚心動魄的畫面，如今仍歷歷在目。

　　法照師父也有逃跑躲地牛的切身經歷。當時他把一塊布放在地上，貨品擺在上面叫賣。當地牛殺到時，他迅速將整塊布抽起，包裹著貨物一起

跑。他原本只是想多放點貨來賣，可是當時人這麼弱小，貨這麼重，怎麼跑得動呢？

還好的是，少年法照跑不動時，地牛並沒有捉他，因他仍未成年。法照師父最後有感而發，地攤經濟見證了新加坡社會的發展歷程。如今我們所見的，都是高尚宏偉的購物中心，很難想像過去的衣食住行，很大程度是由不起眼的夜市地攤包辦。

子承父業

爸媽最初擺地攤後由大哥接手。大哥從小眼睛就不好，加上15歲時患上先天性的糖尿病，醫生估計他可能活不到40來歲，現在的他已70多歲了。大哥為人樂觀，有超強的意志力。近年他糖尿病日益嚴重入院，我們勸他退休，他卻倔強反駁我們的退休論。

母親曾雪雯是專賣女性內衣的地攤佼佼者。媽媽曾告訴孩子們，地攤是一個非常好賺的行業。從寒衣、包包，到日用品，樣樣都利潤可觀。弟妹記得夜市生意好的時候，一個晚上就有千多元營業額，是一筆大數目。媽媽賣內衣時遇到貴人。當時在阿裕尼巴剎隔壁攤有一名阿嫂透露，她的兒子即將開內衣工廠，母親順口說，如果賺到錢記得提攜她，結果阿嫂沒忘囑咐，直接將印有兩隻兔子商標的內衣批發給媽媽。當時母親沒有本錢進貨，第一批內衣還給我們賒賬。媽媽把賣貨的錢，馬上還給供應商，從此建立起良好的信用。媽媽做生意的宗旨是，自己有多少錢就還多少，從不拖欠是我們洪家一個很好的傳統。自從代理了兩隻兔子品牌的內衣後，我們一家人的生活品質也越來越好了。

霸道老大

　　弟妹童年印象中的大哥，性格霸道且對弟妹非常嚴厲。他有一種政治家不苟言笑的威嚴，甚至不准唱情情愛愛的流行歌曲。如果不小心被他聽到有人哼唱，他會毫不猶豫賞你一個耳光。沒想到當他成了生意人後，人生態度起了180度的轉變，不但不再反對旁人唱流行歌曲，自己還常去K歌。四弟振鵬形容：「大哥年輕時思想極左，但到社會上做生意後變成另一個人，成功後又再變另一個人。」

車長情懷

　　少年時期的我喜歡偷懶。每當父親晚上叫我去夜市幫忙，總會大聲叫喊：「坤啊～！」我就急忙躲了起來，或叫弟弟去頂替，實在躲不過就半推半就勉強上陣。我從小的志願是當一名巴士車長。我17歲時覺得駕駛巴士很威風。我夢想考到駕照時，要買一部車，那時我的夢中情車是Fiat飛霞（飛雅特）124。我的人生目標就這麼簡單，沒有宏偉的願望和理想，只想過自己覺得幸福快樂的日子。

船廠驚魂

　　上個世紀70年代，新加坡的造修船業蓬勃發展，各大船廠林立，有很多待遇不錯的工作機會。年少因貪玩，我到船廠工作了兩年，卻差點跌死。事情發生在1973年入伍前。當時我對船廠的環境不熟悉，有一次手拿著咖啡壺，從船的甲板牽著扶手下去船艙，怎知一時失神竟兩手鬆開，整壺咖啡應聲跌下，千鈞一髮之際抓回扶手撿回一命，否則跌落數十尺深的艙底，肯定凶多吉少。當時在船廠工作每晚有35元收入，我相當滿意當時

的待遇，賺到錢可買煙抽，做自己喜歡的事。經過這次意外後，雖然大哥只給我 15 天，但為了安全，我考慮後接受了大哥的建議，重作馮婦擺地攤。

中三輟學

我的學校生活，相信同許多嬰兒潮出生的國人一樣，有著不少相似之處。

從小，我並沒有一個理想的讀書環境。我是光華學校的學生。小學時代的我，開始協助家人擺地攤、跑夜市。家中唯一的睡房，擠了那麼多人，根本沒有溫習功課的空間。

小時候的我，生性好動、好玩。放風箏、打籃球、排球等運動，樣樣精通，在學習上並沒有放太多的心思。在所有科目中，因我的心算好，故數學經常拿高分，這對我往後的生意，有很大的幫助。但英文這一科不好，導致我無心向學。

小五留級

我小學五年級，因好玩荒廢學業，留級了一年，但我在小六發奮圖強，結果以不錯的成績，考入了德明政府中學。德明是一所優秀的學校，我對能成為該校的學生，一直感到無比光榮。甫上中一，我感覺特別快樂。尤其在前兩年，我是學校運動場健將，渡過了快樂無比的光陰歲月。

然而，我卻在不久之後，遇上了教育制度的改革。當時我的英文基礎並不好，學業跟不上，結果成績滿江紅，中三只念了一半，就輟學了。

當我決定放棄後，整天跟一、兩名同學翹課，看王羽的功夫電影，到處溜達，採番石榴、捉蜘蛛，自暴自棄。

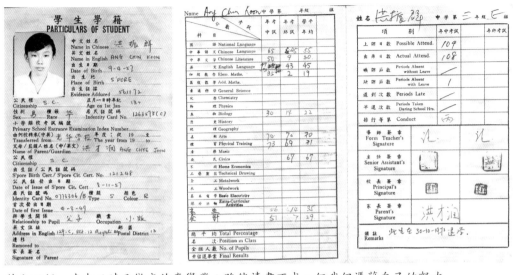

英文不好，我中三時已徹底放棄學業；雖然讀書不成，但我仍憑藉自己的努力
建立一盤生意。

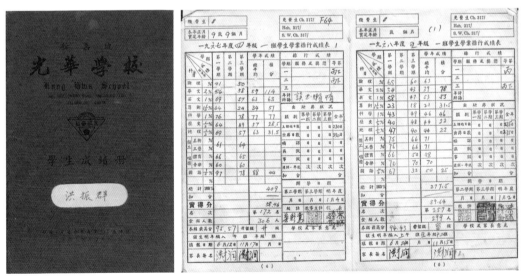

我的小四成績不理想，隔年留班後開始發奮圖強。

54年前光華小六畢業照，我在最後排左六。

　　老師見我經常曠課，找我當面談。我告訴老師，自己不想念書了。老師說找我家長，希望父母能勸我回心轉意。但我卻直接告訴老師，我的父母做生意很忙，沒空到學校來。

　　父母親對我輟學，並沒有過多的言語。在我們那個年代，不想念書，就去做生意好了。

相互調侃

　　長大以後，我認識了好友張仰興，他是 Teo Heng KTV Studio 總裁，我才知道小我一年的仰興，也是光華畢業的。更妙的是，我留班一年後升上小六，竟成了他的同屆同學，但當時我們並不認識。

　　更有趣的是，我發奮圖強考上了中一，仰興卻留級，待在小學六年級。我們從小也住在阿裕尼附近的同一個組屋區。但我們小時候，卻不認識對方。

　　成年後我們才成為好友，我相信這就是緣分吧。每一回，仰興調侃我留班時，我總會回敬他說，你不也一樣嗎？我還上了德明，你卻不知道上了什麼中學呢，哈哈……

運動健將

多年以後，我並不後悔當初沒有完成學業。雖學術成績不好，但我在中學時期卻異常活躍，是一名傑出的全能運動健將。我擅長跳高、跳遠、標槍、鉛球等田徑運動，還擅長藍球、排球運動，每次出場都吸引了眾多同學歡呼鼓掌。渾身上下充滿運動細胞的我，曾得過全新加坡排球比賽第二名，加東區第一名。跳高得第二，跳到褲子都被扯破了；標槍拿冠軍，也是 4×400 米接力跑的冠軍，那一年還差點捧走運動會的全場冠軍。少年時期練就的一身好體魄，恰恰讓我在往後的日子裡，有足夠的體能面對並承受常人所難以承載的磨難。

中學時代的我（前排右二）是體育健兒，運動會上獲得團體冠軍。

我（中排左四）也是排球隊的隊員，渾身充滿動力。

孩提夢回

　　阿裕尼蒙芭蒂路（Merpati Rd）大牌12座，這棟超過60年屋齡的組屋[注5]，已廢置並在不久後拆除。一房一廳的組屋面積雖小，位於4樓門牌129C的單位，卻承載了我滿滿的童年回憶。人生風景在遊走，願有歲月可回首，我最希望回到童年的生活，一個讓我真正感受到「家」的地方。從後港三條石鄉村亞答屋搬到阿裕尼，少年的我就生活在風景優美的佩爾頓水道（Pelton Canal）旁，離住家不到50米遠。每當偶經水道，我總會憑欄駐足，回憶起童年的歡樂時光。當年小孩子玩的遊戲沒有一樣我不

[注5] 組屋：即政府公屋。

會；捉溝渠魚、鬥蜘蛛、打彈子、公仔紙、踢足球、藍球、捉迷藏、燒牛皮膠黏玻璃粉鬥風箏，海闊天空鬥志昂揚，看天地一色少年不知愁滋味，宛如張艾嘉〈童年〉歌詞中無憂生活的翻版。

四代同房

1961年河水山亞答屋大火，導致許多人無家可歸。建屋局當時加速了建造廉價組屋的步伐，我的故居蒙芭蒂路組屋，就是在這個時代背景下拔地而起。一房一廳組屋一個房間睡了9個人，我記得床分成上下鋪，都睡滿了人。你從上鋪下床時，得提高警惕不要踩到下鋪的弟妹。當時客廳全堆滿

我在阿裕尼蒙芭蒂路第12座組屋，渡過了愉快的童年時光。

了貨物，只留下兩條狹窄的走道，其中一條通往睡房，另一條通去廚房。三弟和大妹淑君，是弟妹中最勤勞的兩人，每當有客戶來取貨，老三就得一包一包的疊回去，工作異常辛苦。我們五兄弟、兩個妹妹，父母親和曾祖母同住。曾祖母則睡客廳一張大床，爸媽和七個孩子住一個睡房。早上巴剎兄弟心連心跑地牛，晚上夜市也一起打拚。父母親對孩子疼愛有加，父親訂下家規，若沒吃飽便不許孩子們搬重物幹活。滿滿的父母關愛、兄弟團結，洋溢濃濃的家的感覺。這也說明了為何同座組屋不少鄰居，都羨慕洪家人，感覺這是一戶心地善良、兄弟團結、豐衣足食、家庭和睦的幸福一家人。我也覺得自己是全世界最幸福的人。

遷入排屋

父母親60歲起退居幕後。大哥擺地攤賺到錢後，於1973年搬離了阿裕尼舊居，在巴耶利峇的大慶花園，租了一間角頭排屋。當時月租1800元，顯示大哥已初具經濟實力，搬家為他今後實現更大的商業企圖心積累能量。排屋後來還多租一間，讓家人居住的同時，也用來存放堆積如山的貨物。比大哥年幼14歲的小妹，對童年有一段清晰的回憶：她10歲時搬到排屋居住。當年大哥若要帶女朋友回家，大妹和小妹就得大忙特忙，洗刷由馬賽克碎瓷磚砌成的舊式地板迎接客人，並延續服侍大哥的傳統，吃飯時為他添飯倒茶。

不論成敗兄弟情仍在，我們的情誼永遠不變。早年擺地攤團結了我們洪家5兄弟，三弟因而有感而發。他特別感恩雖出身窮困、童年複雜的居住環境，卻沒有讓兄弟們誤入歧途。我們擁有過很快樂的童年，只可惜一去不復返。

結語

　　早期地攤因資金匱乏，業者忙碌終日，只能圖個溫飽；然而在那個需求旺盛的年代，出類拔萃的佼佼者，例如我們洪家兄弟，卻有了出人頭地的機會。70年代的洪家兵團，以團結一致和刻苦耐勞的運作模式，在供給稀缺的大環境下，淘到了第一桶金。

　　弟妹從小目睹大哥的銷售功夫，像是一位超級大明星在做現場表演，簡直太厲害了！大哥在夜市地攤的表演方式，確實令人歎為觀止，且是大家所公認的，我們非常慶幸，從小就有這麼一個好榜樣學習。

　　70年代末，大哥的成功，間接把我們從地攤帶入到商店。當我們入駐商店後，自由發揮，直到後來的獨當一面，一切皆因開始時，我們有一名像超級明星般存在的大哥，是他贏在起跑線上，開了一個好頭。

　　進入了80年代的雙魚，已是由我帶頭，學習大哥的那一套叫喊式生意手法，率領我已故大妹淑君、三弟振銘、四弟振鵬、五弟振祥，進入了雙魚時代。大哥此時已退居幕後，我們兄弟姐妹拼勁十足，身先士卒、同心協力往前衝刺，繼續開疆拓土，把雙魚的業務越做越大，一直到90年代初雙魚進行大改革之前。

地攤起家的雙魚集團，在上個世紀 90 年代，成就了一個現代企業的傳奇故事。若當年雙魚採取保守務實的作風，把賺到的大筆現金，用作購置產業，洪氏五兄弟如今晉身獅城富豪之列，應毋庸置疑的。雙魚從東升到隕落，可分作三個階段：

1978 至 1991 年 — 起步登頂

1991 至 1996 年 — 蛻變轉型

1996 至 1998 年 — 掙扎破產

雙魚集團（Pisces Group）從1991年蛻變轉型後，聲名大噪，規模急速膨脹，業務範圍橫跨各行各業，巔峰時有50多個子公司及聯號。

除了家喻戶曉的雙魚百貨外，還包括名牌代理、名牌批發、餐館、製造業、運輸、旅遊、卡拉OK、廣告設計、高科技、中國房地產、甚至連眼鏡店、景泰藍花瓶藝術品店，也納入囊中；然而，雙魚卻在轉型後不到7年宣告破產。

雙魚黯然退場，確實令不少人為之惋惜。它為何走向破產？隨著當年關鍵人物的現身說法，一些罕為人知的事實，如今逐一浮上水面；探索前人走過的路，或許對後人，能有更多的啟發。

雙魚創下了多項非正式統計的第一：租金標價創全國紀錄、一口氣聘請了幾十名大學畢業生加盟、旗下50多間聯號和子公司、三天兩頭有新聞出街的媒體寵兒、提供多部豪華汽車給高級職員，吸睛點多到不勝枚舉，伴隨雙魚的聲望，如日中天。

有人說，從地攤升格到百貨公司的雙魚，並沒有感受到華麗蛻變，而仍舊是一個地攤式的大賣場。然而，當年就是這種擺設隨意、給人有點凌亂的夜市經營模式，恰恰符合了廣大消費群的口味。尤其是地點絕佳的旗艦店——雙魚牛車水，宛如一隻會下金蛋的母雞，源源不斷為雙魚，帶來大筆可觀的現金流。

廿年春秋

第一個階段：1978 至 1991 年——起步登頂

雙魚在第一階段的發展，可說是非常成功的。它取得的漂亮成績單，絕非一個人的功勞，而是我們全體家族成員、配合員工的辛勤付出，集體實現的。

早期的雙魚門市店，由父親協助打理。

　　細說雙魚浮沉的故事，應追溯到1978年，當我們洪家的第一家店鋪，在舊機場路開業時作為起點。當年大哥提議，在舊機場路開第一家店鋪，標誌著洪家兵團，從此告別跑地牛的地攤，正式踏入「有瓦遮頭」的商店經營模式。

　　緊接著於79年，我們在大巴窯中心，大牌79開了第二家店。地點和年份，恰好是79，我們把它視為是幸運數位。這兩家店，象徵洪家兄弟的首次提升，內心之喜悅，實非言語可表達。兄弟姐妹幹勁十足、同心協力往前衝刺，繼續開疆拓土，把雙魚的業務越做越大，一直持續到90年代初，雙魚改朝換代大改革之前。

　　79年的雙魚大巴窯，生意門庭若市，給我們打了一劑強心劑，也是洪家兵團家族事業發展的一個重要轉捩點，為雙魚的登頂，奠下了基石。早期雙魚的成功，結合了天時、地利、人和三大要素。當年無論在全國任何角落，租到什麼店都好，絕大多數都能生意興隆、財源滾滾；這再次證明，充滿煙火氣的地攤生意模式，符合當時的民情。

膽識過人

　　雖說1979年，大巴窯店已開始嶄露頭角，但當問起大哥，有關雙魚最早開店的事蹟時，他瞬間跳躍到1982年的丹絨加東店。我雖從旁提醒時間順序，但大哥卻豪氣回應：「小間的店，我忘記了，我們不要去記住它！」

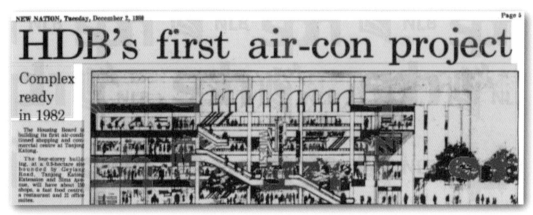

HDB's first air-con project

Complex ready in 1982

The Housing Board is building its first air-conditioned shopping and commercial centre at Tanjong Katong.

The four-storey building, at a 0.5-hectare site bounded by Geylang Road, Tanjong Katong Extension and Sims Avenue, will have about 150 shops, a fast food centre, a restaurant and 21 office suites.

《新國家午報》80年代初，報導新建的丹絨加東中心。（SPH Media）

雙魚開始在丹絨加東中心嶄露頭角，照片中間是當年意氣風發的我。

82年雙魚在丹絨加東大廈，成功標得第三間店，這是建屋局蓋的首座冷氣購物中心。大哥自豪地說：「我是一名冒險家！」當時在市場上造成了轟動。大哥說當年以3萬5900元（每方尺超過10元）的高價投標，打破了當時建屋局最高租金的全國紀錄。

這間面積3400方英尺店面，第二高的標價猜測最多1萬8000元（當時的標價沒有公開），兩者差距竟高達一倍！問：為何那時候你這麼大膽？答：我的膽本來就大！大哥除了霸氣，還有一份細心：他看到了3年期合約有一個「漏洞」，可以讓他在可控的風險下，放手一搏，漏洞原來是：做不下去結束營業，只需一個月通知就可把店退回。

這一波租金破全國紀錄的操作，讓雙魚聲名大噪。大哥後來充分把控了合約中，對他最有利的條款：直接給一個月通知「走人」，在俗稱Yokoso的商場內，來回搬了兩次，搬到對面的那一間。每次搬家，都為雙魚省下了大筆租金。

上年紀的新加坡人，相信不少人仍有印象，他們第一次光顧雙魚百貨，是在丹絨加東購物中心。落戶同一屋簷下的Yokoso，是當時名氣如雷貫耳的日本百貨公司。雙魚進駐丹絨加東後，象徵起飛的標誌性一年。而我和弟妹，在下來的歲月裡，多數時間在此坐鎮。

生意火爆

到了83年，雙魚同時在丹絨加東有兩家店。一家在丹絨加東購物中心，另一家則在隔一條馬路之遙的城市購物中心。兩家店地點如此靠近，意味著必須有火爆的生意量來支撐。

當時蜂擁而至的印尼客、馬來西亞客、汶萊客，數量多到難以想像。他們不只人多，購買量也大。內褲、內衣、內裙、套裙，最為暢銷。三件10元是雙魚的口號，反正大老遠來了，多數人索性買個夠本，一買就是好幾打！

說到床單，相信上了年紀的國人會記得，多年前流行的透明盒子、印有心型圖案的粉紅色床單。這盒售價25元，送禮自用兩相宜的床單，就是雙魚的暢銷產品之一，經常賣個滿堂紅。

吸睛寶典

來自臨近國家的旅客，也把目光瞄準床單和毛巾等日用品。因為品質良好、售價便宜，旅客紛紛買了帶回國內送給親朋好友。因銷路佳，丹絨加東的兩家雙魚店經常缺貨，雙魚老員工安妮（Annie Tan）回憶說：「我每天得多趟跑過馬路，為Yokoso（丹絨加東購物中心）和獅城購物中心的兩家店，來回補貨。」

丹絨加東中心，是建屋局首座冷氣購物商場。

當年24歲入職的安妮，見證了雙魚初期的輝煌，並留下難以磨滅的印象。對年輕的安妮來說，雙魚做生意的手法，新穎且吸引人，是從未見識過的。

洪家兵團最大特色，就是地攤式的現場叫賣。我們把喊lelong的傳統，帶到了丹絨加東店。「來來來！三件10元！四件10元！」成了雙魚的吸睛寶典，也成了商場內人氣鼎盛的指標。

個性豪爽的大妹淑君，平常不多話，但當需要叫賣時，她可不含糊，喊lelong的氣勢，絕不輸給男子漢，隱約散發出一種陽剛之氣。

店外叫賣

坐鎮丹絨加東店的三弟，是個靦腆老實人，他也有獨特的攬客妙招。他為人親切友善，經常穿了雙拖鞋，來回溜達。有時三弟會站在店門外，面帶笑容，主動與路人打招呼，然後就地在門前喊lelong！lelong！三件10元！一些路過的行人，經常會被這突如其來的叫喊聲嚇了一跳，好奇地轉頭一看，咦？這個人是誰呢？怎麼不是在店裡，而是站在店外叫賣？

可不要輕看「三件10元」的小額生意。在丹絨加東，每天都有包不完的毛巾、內衣褲，讓人真正見識到積少成多、聚沙成塔的巨大能量。客人遠道而來，進店裡絕不是買一、兩件，而是一打一打地購買，打包「掃貨」已成常態。

雙魚在丹絨加東中心的門市店，就像是地攤式的大賣場。

臨時店鋪

80 年代的雙魚，店面分兩種：

一、分佈在全島各地的連鎖店；

二、經營幾個月的臨時店：低成本，客流量大，這種流動式的臨時店，有
　　點像打遊擊，是成功的賺錢模式。

臨時店是雙魚「巡迴演出」的一種營業方式，玩的是模式，賺的是現金
流。其做法是，租下暫時空置的店鋪，簽幾個月的短期租約，一般不必裝修，
就可馬上開門做生意，節省了大筆前置成本。

完全沒有裝修，通常交付了水電費和抵押金後，就把貨品擺在鐵架或地
上，裝上電燈便可爭分奪秒開賣。店面雖簡陋，卻遠比地攤的日曬雨淋強。在
文禮購物中心內，月租 3000 多元的半個店鋪，雖只有立錐之地，卻經常賺到
盆滿缽滿，是最賺錢的雙魚店之一。

福星高照

三弟負責文禮的「半間店」。他以福星高照來形容該店，生意滔滔，
簡直令人難以置信。因馬來西亞客工多，毛巾、毛巾被是文禮店出了名的
搶手貨。每次來貨 8、9 大捆，數量很多，卻一下子售罄。

從早到晚，三弟堅守崗位喊 lelong，以七條 10 元「打包」賣。打包的
好處是，顧客不能挑選顏色，連帶解決了青色毛巾滯銷的問題。打包賣毛
巾，是雙魚的首創，後來幾乎所有的同行都效仿，證明它行之有效。

已在後港、文禮、大巴窯、裕廊東、Yokoso、宏茂橋、金文泰、兀
蘭等地，有固定連鎖店的雙魚，會靈活調派員工，支援臨時店的運作。路

途雖遙遠，工作雖辛苦，但在雙魚論功行賞的制度下，員工氣勢如虹，不只沒有絲毫怨言，還創造了一波接一波的業績傳奇。

大妹淑君是臨時店的主力軍之一，經常全島跑透透，她對雙魚早期的成功，有很大的功勞。地點絕佳的臨時店，特別的賺錢。例如勿洛店，營業額超好。大妹頭腦清晰、目標明確，她知道臨時店的運作，就是地攤的延伸版，與固定的連鎖店營業方式截然不同。

刻意弄亂

當時位於宏茂橋地鐵站對面的，就是人流量旺的臨時店，貨品隨意擺在地上，因非常接地氣，帶來十足的旺熱買氣。

有一次，大妹來到宏茂橋店，見到貨品整齊地擺放。她立刻動手，故意將貨物弄亂，並告誡店員說，臨時店的貨，必須接地氣，不可排列得整整齊齊。

床單與枕頭套，隨地凌亂擺在店門外，繁忙時間人潮熙來攘往，突然聽到一把女聲高喊：「來呀！七塊九一套，便宜賣呀！」大妹的叫賣，頓時吸引了路人的目光，紛紛停下腳步圍了上來。大妹懂得以跑地攤的方式，炒熱現場氣氛。不少人開始動手觸摸布質，感覺品質好又便宜，一口氣買了兩、三套，深怕遲了買不到。

雙魚員工為我慶祝生日

論功行賞

外號「無牙」的前雙魚員工，於1986年入職。他在十年的職業生涯中，一直在牛車水店服務。當年老闆親自面試「無牙」，說好月薪500元，負責毛巾部門的打雜、卸貨等工作。月底發薪水時，卻給了「無牙」600元。三個月後，老闆把他的工資，調高到800元。

「無牙」年輕時，自嘲是一條牛。憑一股蠻勁，整捆重達80多公斤的棉質品，他眼也不眨，扛了就走。滿滿一車的貨物，經常由他單獨卸完。老闆看在眼裡，一年後薪水增加到1200元。

「無牙」工作表現好，從不計較，甚至有人在試衣室裡惡作劇大便，他也毫無怨言去清理。他的工作態度深得老闆歡心，工資也因其表現節節攀升。雙魚把論功行賞的要義，發揮得淋漓盡致。

寶島寄情

我於1983年起，開始到海外學習採購。當時臺灣的時尚女裝，在新加坡非常流行，尤其是女裝長褲，經常賣個滿堂紅。我改變向批發商訂貨的傳統做法，自己另闢蹊徑，出國找廠商直接進貨。

臺北松山五分埔，是我學習服裝採購的第一站。

我對時裝有濃厚興趣。大哥就介紹前輩，陳耀興百貨進口商的老闆陳松耀，帶我到臺灣和日本，學習大宗貨品的採購。我跟著前輩學習，並瞭解國外的市場，目的是把便宜又時尚的服裝進口到新加坡。

我把目標鎖定臺北松山五分埔，它是全臺灣著名的成衣批發中心。當地的很多女裝款式，來到新加坡大受歡迎，非常暢銷。五分埔有幾百家批發店，聚集在松山火車站附近。貨源充足，款式眾多，剪裁時尚，吸引到許多東南亞國家的批發商去辦貨。

黃金十年

80 年代，是我在海外辦貨、打拚的黃金十年。83 到 86 年，我採購的主要市場在臺北和泰國；87 到 93 年，主要市場增加到五個，除了臺北和泰國，還包括香港、馬來西亞和印尼。進口大批女性服裝「跳樓貨」[注1]，利潤高，銷量大，為今後雙魚乃至 myCK 的發展，奠下了穩固的基石。

服裝採購的成功秘訣是，配合雙魚薄利多銷的經營理念。從 86 年起，女性時裝已是牛車水店另一主力產品，為雙魚賺了很多錢，臺北五分埔協助我闖出一個春天來。

身為海外採購的主將，我與大妹配合無間。大妹身處服裝零售的最前線，對市場有敏銳的嗅覺。她會告訴我，怎麼樣的時裝，是最好賣的；我亟需這些市場訊息的配合，款式、顏色、尺寸能讓我在海外採購時，更能得心應手，購買到適合新加坡人品味的服裝。

[注1] 跳樓貨：誇張的促銷詞，意思是以這樣的價錢出售，老闆得跳樓自殺了。

我喜歡出國、喜歡結交朋友。我把開疆闢土、找尋貨源的苦差,變成了樂事。我的臺灣摯友胡駿,就是在這時候結交,並延續了長達40年的深厚交情,容後〈不離不棄三摯友〉章節細說。

攀越巔峰

1986年,雙魚大手筆以3萬1000元的月租,擊敗其他競標者,向建屋局標得牛車水史密斯街店鋪,是邁向巔峰的開端。

樂齡長輩喜聚牛車水,而價廉物美的日用品,正是全國大叔大嬸所追捧的。毗鄰著名的牛車水熟食中心,其卓越的地理位置,加上寬敞的店面,牛車水店進一步鞏固了雙魚零售領域的優勢。

擠爆大門

佔地6417平方尺的店面,裝潢雖不如美羅、羅敏申等老牌百貨公司,但從開張的那一天起,生意好到令人難以想像。顧客排隊入場,差點擠爆大門,雙魚牛車水從此一炮而紅。

第一階段的雙魚,在我的帶領下,洪家兵團毫不計較的付出,眾志成城,氣勢如虹,齊心協力,迸發出強大的能量,讓雙魚牛車水,化身作一個大磁場,吸引著四方八面的人流。

拾到金牌

當初獲知標到牛車水店時,我真的非常高興!興奮之餘,漏夜從宏茂橋臨時店,直奔牛車水拿鎖匙,迫不及待開門入內,一探究竟。

當我一進門，神奇的一幕發生了！就在我的腳底下，竟然有一塊閃閃發亮的金牌，那是一塊黃金呀！我在牛車水店地上撿到金塊，不正是一個好彩頭嗎？意味著這裡將是一塊聚財寶地，註定會發達，後來事實也證明了這點。

兩大「支柱」

三件10元，是雙魚響噹噹的口號！地攤時代大哥專長賣毛巾，如今來在店裡，現場叫賣模式，也被發揚光大。一打裝的「祝君早安」白色洗面巾，經常被一掃而光，選購數量之大令人咋舌。

而我從臺北五分埔直接進口的女性服裝，款式新穎、價廉物美，同樣成了吸引顧客的殺手鐧。雙魚牛車水的女時裝部門，在大妹帶領下，逐漸發展成一個優秀的團隊。在強烈使命感驅使下，零售團隊的相互協助，讓雙魚的服裝業務一飛衝天，成了重要的收入來源。

叫賣文化

現場叫賣，是雙魚牛車水店最大特色之一。我和四弟，經常輪流在牛車水店，站在收銀臺上喊lelong：「來來來！三件10元！」我們弟兄倆的「表演」，竟成了當時牛車水亮眼的時代標誌之一。

聲音洪亮的四弟，年輕時特別帥氣。他每天穿著長袖襯衫，配上西褲，風度翩翩來上班。當需要叫賣時，穿著得體的他，立馬又變成了另外一個人。只見他站在收銀臺上，又喊又叫又拍手，整個賣場的氣氛，頓時活絡起來。

客串收錢

自86年起，並連續好多年，是雙魚牛車水生意最旺的黃金年代。當時由我帶頭，率領大妹淑君、三弟振銘、四弟振鵬、五弟振祥，分工合作、目標一致、積極打拚。經過幾年時間，雙魚已發展成一種潮流品牌、一種消費文化。

四弟在我出國期間，代替我到牛車水主持大局。此時的大哥，名義上是指揮官，我直接向他報告，但實際上他已退居幕後，最小的弟弟振祥則負責管賬。大哥只在週末到牛車水，客串當名收銀員。幾個小時的「表演」，讓他過過收錢的癮而已。

一名售貨員在旁協助他，負責報價與包貨，大哥負責收錢和找錢。收銀台設在店的中間，兩邊都可以排隊。長長的人龍，從一開門就未曾間歇；兩部收銀機，從早到晚，一直叮叮噹噹響個不停。不到兩個小時，就得把滿滿的鈔票，倒入一個大桶中。

大巴雲集

雙魚牛車水的主要客戶群，除了全新加坡的顧客，每晚8時多開始，還有來自馬來西亞的旅遊大巴，一部接一部停靠在對面馬路，從歐南園、一直排到現已拆除的珠光大廈，再向前排到珍珠大廈外。

這些旅遊大巴，每晚佔滿了附近的車道，全是專程越過長堤，接載馬來西亞客到訪雙魚。這些馬來西亞客，不是到牛車水購物，而是專程到雙魚來購物的。

　　大巴就停在對面的員警局舊址路邊,讓顧客下車走過行人天橋到雙魚採購。每當馬國客人,拎著大袋小袋的紅色塑膠袋魚貫上車,你可以從他們臉上察覺到,不少人展露的是滿載而歸的笑靨。

似網紅店

　　雙魚前後有兩個大門。生意最好時,大門必須開一個、關一個,以便管控店裡顧客的數量。10至15分鐘門再打開,等人流再次進入,兩邊的門再關10至15分鐘再開。否則,店面很快就被顧客擠得水泄不通,寸步難移,連走路都難,又如何購物呢?

　　開始時,人們會覺得奇怪,想必是雙魚在新山打廣告,並安排大巴載客,才有如此盛況。然而,真實情況卻是,這些大巴都是馬國旅行社自行安排的。馬國人自掏腰包,買車票長途跋涉專程而來,為什麼呢?唯一的解釋是,在他們心目中,牛車水雙魚,是一家紅透半邊天,貨品物超所值,酷似今天的網紅店。每當購物人潮一殺到,所有員工的精神為之緊繃,排山倒海的工作壓力,並不是一般人所能承受的,然而當時大家都年輕,感覺越做越開心。

埋頭收錢

　　收銀機前,多數時刻是一條長長的隊伍。收銀員為減低對人龍的「恐懼」,有效方式是:低著頭不要看,無論人龍有多長,一味埋頭收錢就好。

　　從上午9時開門營業,一直到晚上11時,高峰時段經常有2、30人在排隊。收銀員每天工作超過13個小時,如機器人般手腳俐落,速度超快。

經常連續兩小時不間斷，連上廁所也要找替班。一個櫃檯兩架收銀機，每小時可收入10000元，鈔票宛如天上飄下的雪花一樣多。

延遲關門

晚上11時是關店時間，但因顧客太多，經常被迫展延關門。週末更火爆，一波接一波的購物人潮，一直做到凌晨12點半。疲憊不堪的員工，必須下達逐客令，阻止客人再湧入，否則連家也回不了。

由於來回車程，需要一個多小時，四弟擔心睡眠不足，影響隔天的工作，加上店裡生意好，顧及有人會眼紅，提防故意縱火事件的發生，索性留在儲藏室過夜。四弟在儲藏室睡了一年多，直到結婚為止。

防人之心不可無。由於擔心半夜遇上搶匪，在店裡過夜的四弟，人有三急也不敢貿然外出上廁所。他準備了一個膠桶，套上塑膠袋就地解決，等隔天清晨才清理。

非洲胸罩

雙魚牛車水稱得上「藝高人膽大」，竟連非洲女人的內衣也敢賣。有一次，著名內衣品牌黛安芬，不知何故把一批專屬非洲市場的內衣，滯留在新加坡。這批內衣型號特別大、特別圓、也特別彎，完全不適合東南亞一帶的女性穿戴。

雙魚看準牛車水經常有非洲旅客到訪，於是大膽以每件2到3元的超低價格，買下所有1萬多件的非洲胸罩，並以每件29.90元和39.90新元的售價出售，賺取14倍的利潤。

當時來自非洲的水貨軍，每次購買不是一、兩件，而是攜帶了一大籃回去，轉手在非洲當地賣新幣70新元一件，貨清了又再飛來新加坡補貨。雙魚在這場交易上，知己知彼，精準地計算好賣價。吃過甜頭的水貨軍，肯定會回頭再買。

金蛋母雞

雙魚牛車水店，一天可做10萬元的生意，彷彿是只會下「金蛋」的母雞。80年代的雙魚，收到的現款，全倒入一個紅色膠桶內。店裡只有兩個收銀機，就在店的中央，經常不到2個小時，錢就爆滿。弟弟的例行工作是，拿著一個紅桶，到櫃檯前把花花綠綠的鈔票倒入桶中。

牛車水雙魚店，每天從早上開放到深夜，老闆信任員工，像自家人一樣，不會一直監視。事實上，在當時那個沒有閉路電視、環境擁擠嘈雜的年代，收到的錢，是很容易不翼而飛的；如果沒有一批忠心耿耿、公正無私、互相信任、沒有猜疑的團隊，根本無法有效管理。

全身皆毛

毛巾是雙魚最暢銷的商品之一，每次來貨數量驚人。把毛巾拆分包裝，也是員工最忙碌的時刻。工作結束後，赫然發現，前面的同事，竟全身皆是毛；定睛望向自己，同樣白茫茫一片，無不相視莞爾。

店裡人潮太多，員工被迫在大門口整理貨物。

當時理應戴上口罩，無奈當時因忙碌，根本無暇顧及小節，也從不考慮長期下來，對呼吸道的影響。若干年後的今天，一場新冠大流行，卻讓戴口罩成了人們的日常必需；世事的變幻，真是讓人始料不及呀。

喊到「內傷」

因長期叫賣，我和四弟，都分別受了「內傷」。四弟叫賣時用力過猛，肺部組織變得鬆弛，醫生勸他不能再繼續用力吶喊了。四弟後期把扁桃腺也切除了，直到現在，說話仍顯得有氣無力。

至於我，因長時間的叫喊，導致喉嚨沙啞，當時感覺氣很喘，晚上常到熟食中心猛灌黑啤酒，緩解不舒服。氣喘的癥狀，一直持續到今天，長期影響到了我的健康。

每次到牛車水，我一定站上收銀台喊lelong，可以連續叫賣幾個小時，結果付出了代價，兄弟倆患上的是不能治癒的「內傷」。如果說，這是成功所必須付出的代價，我唯有默默接受。

牛車水開張後隔年，四弟便結婚了。由於新房仍在裝修，他暫住三個月的五星級酒店。豪華酒店無比舒適放鬆的環境，導致過慣緊張生活的四弟，大吃一驚，頓時有了新的領悟。

原來，當他住在酒店時，感覺到非常的舒適放鬆，卻突然意識到，自己過去一年在牛車水的拼搏，已經到了極限，當時整個人是有多麼的緊繃。想到這裡，他自己都被嚇壞了，整個心也沉了下來，告誡自己，今後再也不能這樣拼下去了。

一角也賺？

沒有手機的年代，投放一角錢的公共電話，是小市民聯繫的主要工具。雙魚的兩個入門處，各放一台橙色公共電話。經常有人排隊打電話，每三、四個小時，電話錢箱就被裝滿，負責人必須開鎖把銀角取出，公眾才能繼續投幣使用。

經常會有人跑進店裡說：外面的電話不能打了！我得提醒工作人員，拿鎖匙開箱取錢。兩個「躺」店門口的公共電話，每天竟有兩百多元的銀角入賬，「無端端」為雙魚每個月帶入7、8千元的一筆可觀收入。

牛車水許多商家，也有裝置橙色公共電話，但奇怪的是，路人偏偏喜歡到雙魚兩個大門前打電話，難道人們都想沾點旺氣？搞到有人嘀咕說：「連一角錢也要賺！」

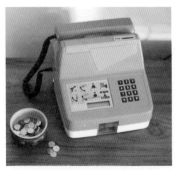
投1角錢幣的橙色公共電話

被譽為金蛋母雞的雙魚牛車水旗艦店

緬懷大妹

雙魚牛車水旗艦店的成功，大妹淑君付出了巨大的心血，也做出了極大的貢獻。她的無私奉獻，對員工的體恤與扶持，深深地烙印在每一名與她有接觸過的人。

在高峰時，牛車水店時裝部門，有多達20餘名職員。部門面積佔了店面的一半，可以想像，當時服裝在牛車水的比重有多重要。

心地善良

大妹是時裝部門的負責人。雙魚職員回憶説，印象中的大妹，心地善良，是一名體恤員工的好老闆。她把親情看得比金錢更重要，員工忙不過來時，她會主動伸出援手，協助售貨員取出顧客要求的尺碼衣服，並主動協助拆開，絲毫沒有老闆的架子。

大妹也挺會照顧員工的福利。吃飯時間到了，她會要求員工，暫時放下手上的工作，陪她們一同去吃飯。有時員工説，工作做不完，可以晚一點吃，大妹卻提醒員工，不要餓壞肚子，半命令式地把員工「請」到熟食中心。

大妹經常與三、四名員工結伴吃飯，她會主動幫大家付錢。華燈初上，員工加班加點，工作遲了，她會體貼地問：餓嗎？然後去打包食物，讓員工們分享。這些都是老員工們，記憶深刻且美好的回憶。

樂於助人

大妹也經常到內衣、床單部門巡視。如果讓她見到有人不舒服，她會問：「你還可以嗎？不可以就回家休息哦，我會叫人來替代你。」小小的

關懷，特別令人感到溫暖。面對彷徨無助時，我們都希望有盞溫暖的燈，為我們照亮前行的路，大妹經常就是那名點燈人。

有人說，善良比聰明更難。聰明是一種天賦，而善良，卻是一種選擇。在工作上、大妹絕不會斥責你，或對你大喊大叫。如果你做不來，她也會輕聲地安慰你，要你放鬆點，慢慢來，若還是不行，她會叫人來幫你，這就是她善良的一面。

兩代老臣子麗雲，也對大妹印象深刻。當我父母親在負責竹腳店時，大妹與爸媽、曾祖母就同住在店的樓上。當時麗雲剛加入雙魚不久，就被調派到竹腳協助父母，與大妹有了更深入的瞭解。

只要你熱愛工作，大妹就特別疼你。如果她覺得你乖巧勤勞，她也會特別的照顧你；對於那些懶散的同事，她也不會故意排斥，而會苦口婆心，不斷地規勸偷懶的員工，要多做、多學，以後才有出人頭地的一天，大妹就是這麼一名心地善良的人。

斯人已逝，願大妹的善良、熱情、勤奮、以及對大家的好，永存心中。

364天半

雙魚牛車水，連春節正月初一，也開門做生意。華人公司在年初一營業，在上個世紀80年代，是非常罕見的事。一般華人公司，從除夕起會放長假，春節假期甚至長達一個星期，方便員工回返馬來西亞過年。

春節路上行人稀少，多數人忙著拜年串門，就算你開門做生意，也門可羅雀。然而，當紅的雙魚牛車水，卻反其道而行之，在年初一也開門做生意。雖然只開半天，營業四個小時，卻已讓其他百貨公司難望其項背。

為什麼年初一開門呢？因為陸續有顧客上門。這個開門營業的決定，也反映出管理層為滿足需求，不放棄任何一個賺錢的時機。雙魚牛車水一年開門營業364天半，在80年代也一時傳為佳話；這是一種驚人的拼勁，也是一般公司不想做、也做不到的事。這也讓當時的雙魚百貨，獨樹一幟傲視群雄。

算錢最苦

全國各地分店，每晚把收到的錢，全部集中到紅沙厘（當時兄弟姐妹住相連排屋），一桶接一桶滿滿的鈔票，由兄弟姐妹半夜一起來點算。

每個深夜，把一桶桶的錢，倒在桌子上，大家一起點算。大妹曾說，白天做工辛苦不要緊，最苦的是晚上回家，面對堆積如山的現鈔，數錢數到怕。

手指脫皮

雙魚每天收到整十個分行的現金，數目多到數錢人內心也懼怕；有的人數到手酸，有的手指抽筋，有的算到手指僵硬，需要看醫生；有的甚至手指破皮，真的一點也沒有誇張。

當年沒有電子支付，全憑現金交易，每晚點算堆積如山的鈔票和銀角，是件苦差。單雙魚牛車水，每天有約10萬元現金進賬，80年代的雙魚的經營方式轟動全新加坡。

每逢週末和公共假期，生意量大增，錢的「味道」更是充斥整間屋子。鈔票表面布滿細菌，大夥都心知肚明，但當點算時，那會計較那麼多？面對花花綠綠的鈔票，開心都來不及了！這是取得成功後的滿足感。

在80年代，或許大家早已習慣用手數錢，並沒有想到要買部數鈔機代勞。直到後期小弟因數錢過勞，導致手指受傷了，才買數鈔機協助。當時兄弟姐妹數錢不只速度快，數鈔的過程，也充滿了樂趣。我們把點算完的鈔票，全部交給最小的弟弟，再由他遞交大哥保管。

單在1986年到93年，雙魚全島各地的零售店，每年的盈餘總和高達千萬新元。在35年前，一間三房式組屋的價格，才賣3萬3000元，可以想像當時的幣值有多大。雙魚的成功，讓洪家兄弟和妹妹，深感驕傲與自豪。家庭團結就是力量，我們的辛勤努力，並沒有白費。

好平批發

雙魚時裝配合時機，經營得非常成功。我於1987年，在哥羅福創辦好平貿易時裝批發中心，同樣做得有聲有色。當時，我從不同的國家與地域，包括泰國、香港、臺灣、印尼，進口潮流時尚時裝，除了在雙魚零售店售賣，也批發給全國各地的時裝店。

位於哥羅福巷的好平，專做時裝批發生意。

好平貿易在生意最高峰時，有一款男女裝的T恤，出奇的好賣。在五年內，售出10萬打T恤，一個款式百種顏色，銷量之多，打破了當時批發界的紀錄。

這是一個良性循環。有了更大的銷量，大大加強了雙魚的購買力度，成本價可以更低廉一點，也讓雙魚的門市賺得更多。我找來一名朋友黃新明（已故）加入好平當經理，協助我打理批發的業務。我把握住時裝批發在本地的黃金十年，協助雙魚賺取額外的大筆現金。

當我離開雙魚時，好平批發仍繼續經營，我打下的穩固根基讓這家批發店持續了10多年，直到雙魚被清盤為止。

烏節奇緣

《聯合早報》於90年3月14日，發表標題為〈洪家五兄弟創「雙魚」〉的特別報導。版頭一張超大彩照，令人留下深刻印象。

照片中五兄弟背後的店，就是1989年底創辦的雙魚烏節。落戶烏節並代理名牌產品，標誌雙魚意氣風發的一年！從照片背景可窺見，玻璃大櫥窗內全是名牌包包；風華正茂的洪家五兄弟，臉上泛著笑容，依附在圍欄的大合照，象徵兄弟同心，事隔30多年仍歷歷在目。

早報當時報導，86年開張的雙魚牛車水取得大成功後，第二間規模更大、營業範圍更廣的雙魚百貨，於89年底在車水馬龍的烏節路出現。平民百貨進入了高檔商業圈，在當時確實引起不小的迴響。

雙魚向政府租下烏節多美歌地鐵站對面，一幢四層樓保留建築大樓，並由我親自督工，耗資280萬元改造，設置了電動扶梯後，變得煥然一新。

联合早报

南洋·星洲

聯合早報

14·3·1990 星期三　现代生活

洪家五兄弟创"双鱼"

洪家五兄弟，从流动小贩到经营服装百货连锁公司，听起来似乎透着几分奇色彩，但这里面是一页温馨却踏实的，兄弟齐心联手起家的故事。

洪家五兄弟租下雙魚烏節後，成為新聞的焦點。（SPH Media）

大批顧客聚集在雙魚烏節大門外，可說是人山人海。

雙魚烏節後來改名 P MART

名牌代理

　　大樓裡聚集了百貨商場、辦公室、卡拉 OK、食閣於同一屋簷下。雙魚烏節繼續沿用價廉物美的策略，並加入代理名牌產品，風頭一時無兩。大哥把雙魚烏節視為創業的另一個里程碑。

　　從 1989 年到 93 年，雙魚烏節的生意一直興旺，當黎材傑加入雙魚後開始改革，在 93 年把雙魚烏節易名為 P MART，提供類似市面流行牌子的代替品，並以低於市價 20-30% 的零售價出售，顧客群是 30 歲以下的上班族、學生、遊客和家庭主婦。

蛻變轉型

第二階段：1991 至 1996 年——蛻變轉型

　　跨入 90 年代，在一次聚會上，大哥對弟弟們說，雙魚需要轉型，建議把所有兄弟的股份，全由他集中管理支配，因雙魚正準備實現一個邁向現代化管理的宏偉計劃。基於對大哥百分之百的信任，弟兄們二話不說、義無反顧把手中的股份和房產證，全部交出，五棟紅沙厘的排屋房產，後來也全部抵押給了銀行。

　　在雙魚紀念特輯內，曾有這麼一段描述：洪氏兄弟並不滿足於此，他們希望在此基礎上，進一步把業務多元化，並向其他領域發展的同時，建立起一支現代化的管理隊伍。大哥在 1991 年，引進當時在股票行工作，會計師專業背景的許希雄，以及前警長林關浩，分別出任公司集團總經理（後易名總裁）和董事長助理，全權負責公司的管理和改組工作。

　　在許希雄的領導下，公司於 1991 年，改組為洪振鈿兄弟控股私人有限公司，並在 1993 年易名為雙魚集團控股私人有限公司。這期間集團的

業務，除了朝多元化發展，也在人事、財務作業和管理制度上，做出許多大調整，並引進更多有大專資格的專業人士加入。

裕廊總部

由於業務的擴充，集團辦公室也在1993年遷入裕廊工業區的新總部，把集團行政中心和倉庫，集中在同一屋簷下。雙魚集團控股的繳足資本為2200萬新元、註冊資本為5000萬元。為了配合集團的發展，集團的董事成員，也由原有的五名董事，增加到12名，藉此引進更多具專業知識和經驗的人才。

洪家兵團。右起大哥振鈿、老五振祥、老四振鵬、我、老三振銘。

雙魚當時的業務，基本上有六大項。集團通過收購、聯營方式和自己設立的子公司，關係企業超過50家。雙魚這時也跨足海外，特別是中國市場，以作為它多元化業務發展的部分策略。

招兵買馬

許希雄畢業自南大會計系，大哥說許希雄是他的好朋友。大哥相信，許希雄當初是真心誠意要協助他讓雙魚掛牌的。集團為上市鋪路，採取的策略是快速擴張，四處招兵買馬，物色大批大學生加入是途徑之一，不少加入管理層皆是各領域中的專業人士。

93年7月加入雙魚，並在隔年擢升為集團副總經理的老黎回憶說，90年代初，貿易發展局組織了一個本地企業代表團，考察中國零售業市場，他當時代表美羅，而許希雄代表雙魚赴會。素未謀面的兩人，卻在這次旅程中擦出了火花。

許希雄開門見山對老黎說：雙魚準備申請上市，他正積極找尋對組織、管理和零售方面有經驗的專才，到中國發展百貨零售業。雙方隨後還簽訂了三年的雇傭合約，除了優渥的工資待遇，大哥又使出送股份的「殺手鐧」──三張每張面值10萬股的股票來打動老黎加盟。

新加坡象棋總會會長、曾擔任雙魚董事長特別助理的林關浩，則是直接被大哥網羅旗下的關鍵人物之一。關浩回憶，當年在警隊擔任高級警長，年屆45

雙魚執行總裁許希雄

歲臨近退休，正考慮是否要接受警隊的擢升，並服務到60歲。然而命運的安排，卻讓他從此改變了人生軌跡。同是象棋愛好者的大哥，有一天對關浩說：「我想聘用你！」立馬預支一張志銀六個月薪水的支票，以顯示大哥的誠意，也讓關浩深感器重。

林關浩回憶說：「這張支票，對我確實有點刺激，也改變了我的人生。我於是問洪振鈿，有什麼工作給我？他說，走！我們去中國！於是我就跟著他們去考察。當時月薪4000元左右，沒有職位和辦公室。我在中國人面廣，認識很多象棋大師，洪振鈿於是要我協助建立人脈關係。過了不久我又明確表明，我不想整天遊山玩水白拿薪水，希望有一個辦公室和職位，好好辦點正事。」

經過一番爭取，關浩終於獲得一個董事長特別助理的職銜，並在之後的改組，當上綜合業務副總裁。

從林關浩的經歷，似乎可以窺見大哥「隨心所欲」的用人哲學。他笑稱在雙魚的幾年，他的日常工作重點是，向外界極力推銷雙魚的價值。

宣傳造勢

雙魚集團在90年代前半期頻頻造勢，除了在各大媒體曝光，也經常在五星級酒店，舉辦大規模的宣傳活動，塑造欣欣向榮的一片光明前景。

進入許希雄時代的雙魚，一味想上市掛牌。
（SPH Media）

　　1995 年 1 月 28 日出版的《雙魚企業》第三期報導了電視節目《財經追擊》訪問大哥洪振鈿、總裁許希雄等多名雙魚要員。

　　時任董事長洪振鈿，說了這麼一番話：「我認為要讓企業專業化，才能讓更多的專業人才加入。我與許希雄總裁的特點是絕不忌才……如果不把企業做成一定的規模，那只是成為一個普通的商人，這是我和許總裁所不甘心的。我的家庭成員，並非完全同意我的見解，但我讓他們明白，這個現代企業化的發展趨勢是世界性的。」

　　執行總裁許希雄，則在節目中說，洪老闆是一名非常大膽的企業家。他瞭解自己家族生意的缺點，因此需要引進人才……。企業發展的最終是上市，因為企業不夠規模、不夠水準，就不能生存。

眾人皆醉

　　大哥訪談說的那一句：「我的家庭成員並非完全同意我的見解」，顯然是針對我，因為唯獨我反對大哥的作風。眾人皆醉我獨醒的悲情，如今看來越顯諷刺。

　　雙魚於 94 年 5 月 13 日，慶祝創立三周年紀念，在當時的威信史丹福酒店，舉行了千人晚宴。大哥在當晚致辭時，還特別提到雙魚能有今天，完全是因為有幾家銀行，在背後給予的大力支援。

三喜佳慶

　　1993 年，雙魚也舉行了一次規模盛大的三喜佳慶，還特別出版了紀念特輯。

雙魚歡慶成立三周年晚宴

1993年舉行的三喜誌慶宴會

　　第一喜慶是剛啟用的現代化行政中心，以及陸續在裕廊落成的新廠房和貨倉；

　　第二喜慶是，三間連鎖百貨商店正式開幕；

　　第三喜慶是，在中國上海與湖南投下資金設立的廠房，實現了邁向國際化的理想；上海申美公司（專門製造衛生棉）及湖南雙魚服裝廠，聲稱均取得驕人成績。

企業研討

　　雙魚集團、南大畢業生協會和廣東省銀行，於95年3月30日在濱華酒店，主辦「面對21世紀中國企業」大型專題研討會。

　　這次造勢活動請到新、中兩國，多名政商名流出席。研討會號稱是新加坡首次推出的中國當代企業家研討會，並由中國著名的企業人物，來新實地演講，與本地商界共同探討中國的投資機會和經營特色。這些宣傳活動，為當時的雙魚加分不少。

八車迎賓

　　為加速雙魚在股票市場掛牌的機會，許希雄期待促成與深圳金田的合作。他大費周章討好到訪新加坡的金田一行人，把他們當成豪客般招待，就連電影中出現的豪華鋪張、迎賓大排場，也搬到現實世界裡。

雙魚與深圳金田簽署合作儀式，最終是賠了夫人又折兵。

　　曾任雙魚集團公關經理的陳來水說，他在雙魚服務不到一年，就在94年的某一天，約八部豪華馬賽地（Mercedes Benz賓士汽車），列隊到機場迎賓的大陣仗場面，至今仍記憶猶新。

　　許希雄安排的馬賽地車隊，浩浩蕩蕩到樟宜國際機場，是為迎接以金田董事主席黃漢清為首的貴賓團，其中有多輛馬賽地，是洪家兄弟的座駕。

　　深圳金田實業股份有限公司的代表團，是受許希雄邀請，飛抵新加坡參加簽約儀式。豪車陣容一時風光無兩，吸引了不少路人的眼球，也讓海外貴賓特別威風和有面子。來水猶憶迎賓車陣中，並沒有見到我的身影。而他本身則乘坐弟弟的馬賽地，到機場接風。

　　來水原本經營一家諮詢公司，在一名好友的推薦下加入雙魚。雙方以合作方式，成為旗下一間子公司後，業務轉型為廣告設計公司，並由來水出任執行董事。

　　雖同是南大畢業生，但來水到了雙魚，才首次會晤許希雄，並對他的總裁辦公室，超大排場留下印象。來水說：「當時聽他描繪雙魚的宏大願景，感覺他是真心誠意要把企業做大；我自己的小公司，能被看上與有榮焉。」

　　但很快的，來水就感覺到，雙魚的管理不能讓他發揮。加上當時中國團培訓業務紅火，於是遞上辭呈離開，全心全意搞他的培訓事業去了。

拉攏貴客

　　金田實業在深圳主要經營房地產，它是深圳經濟特區第一家由國營企業，進行股份制改造的上市公司，其總資產超過20億人民幣。

　　當時許希雄的如意算盤是，若能搭上雙向「合作」的順風車，將能協助雙魚於兩年內，在新加坡股票市場掛牌上市。94年8月出版的《雙魚企

業》第二期季刊發布了雙魚集團組織圖顯示，金田實業股份公司董事主席黃漢清，已受委為雙魚集團董事局的執行主席。

94年7月豪華車陣機場迎賓，緊接假酒店舉行的合作簽約儀式，隔月還招待貴賓一行人到馬來西亞雲頂遊玩。貴賓團興致高昂流連賭場，輸了還緊急向雙魚討救兵借錢。

許希雄為了討好貴賓，馬上派遣副主席黃錦華到雲頂刷卡「傍水」（付錢）。當時為了奉承「金主」，可說是有求必應，費盡心機花了大筆錢招待，還三番兩次親赴中國部署。許希雄一心搭上金田，想讓雙魚身價大漲，最終卻是肉包子打狗，應了賠了夫人又折兵這句老話。

墓地建樓

據《雙魚企業》第三期報導，由城市規劃師許宇鑫領軍的雙魚置地，大舉進軍中國的房地產，包括與上海金田房地產，合作開發首期投資額2300萬新元的大上海國際花園別墅群，與泉州恆偉建材協定開發豐州鎮24公頃地段一個商業、住宅和輕工業混合等專案。

然而，這些曾大肆宣傳的項目，最終卻無疾而終。大哥說雙魚在清盤時，新加坡政府規定他在中國的資產等於零（不能被計算），等於直接宣判了雙魚的「死刑」。

大哥還說，他當時在中國仍有很多屋子，在四川就有整排的別墅，並透露這不是雙魚，而是他的個人資產。但當問及如今中國的房產情況時，大哥說：「合夥人比我還凶，現在房子哪裡會是我的，早就屬於他們的啦，那邊的人太厲害了。」

黯然離開

至於許宇鑫為何放棄公共部門要職,轉而加入雙魚?原來,雙魚為了要擴充中國房地產市場,通過朋友介紹,聯繫了具備經營房地產經驗的城市規劃師許宇鑫,並千方百計説服他在1994年間加入雙魚置地。

然而,當時雙魚早就與上海金田和泉州恆偉等集團簽訂了合作專案,由於絕大多數權益都掌握在中方公司手裡,雙魚置地根本無法自行運作,只能被人牽著鼻子走。鑒於難以發揮專長,同時瞭解到公司的操作和模式與本身的理念相距甚遠,加入雙魚兩年後,許宇鑫便離開了。

雙魚置地在中國四川成都市,望叢花園別墅群專案,也令人印象深刻。這個專案大哥之前提到過,就是他曾擁有過的整排別墅。然而,這個標榜坐落在環境優美、旅遊名勝區的別墅群,竟建在春秋戰國時代的兩位皇帝——望帝、叢帝皇陵花園毗鄰的空地上。

望叢花園是雙魚置地與四川富豪有限公司,合資千萬新元合作開發的。工程分兩期,首期31幢豪華別墅已建成。當時雙魚打的廣告,突出皇帝墳墓做賣點,當時或許是要強調那是一塊風水寶地,然而卻忽略了華人對墓地的諱忌。

那時中國正值改革開放初期,成都的交通遠比不上沿海城市來得便利。有人不解的是,雙魚置地為何會耗費如此鉅資,到當時仍荒無人煙的地方合資建別墅?就算建好了,又能否能有足夠的潛在買家?當詢及老黎有關成都望叢花園別墅專案,他説:「我懷疑,老大是被成都的房地產商忽悠了。

屬於雙魚集團的滿庭芳酒家

虧本照收

　　大哥野心勃勃，他不只要把業務擴充到機遇無限的中國，也瞄準了中東地區。林關浩曾陪同大哥飛赴沙烏地阿拉伯，參觀當地的巧克力工廠。沙特當時有此需求，已有當地企業提出與雙魚合作開發百貨公司的計劃，然而最後卻談不攏。

　　雙魚幾乎把握所有遇到的企業，秉持大小通吃的理念，接管或合併，以期在最短的時間裡，壯大集團的聲勢。然而擅長百貨零售，卻企圖跨足別的行業，最終顯然力不從心。

　　關浩憶述，90年代有一名商界朋友不幸過世，他在美芝路鴻福中心（The Concourse）經營一家酒樓由許希雄接盤。大哥知道後，指示關浩接管。

　　經過評估，就算酒樓天天客滿，充其量只能收支平衡，貿然經營肯定會虧本。但管理層仍一意孤行，關浩唯有硬著頭皮接下重任，還為酒樓重新命名為滿庭芳酒家。

　　關浩說，雙魚高層之後經常出入自家酒樓，吃喝玩樂簽名報公賬，前後約虧損了100萬新元，酒樓一直經營到陳蒙志時代。

離開雙魚

我是唯一反對雙魚無序擴張業務的家族成員。為了徹底終結我這把「噪音」，公司管理層決定，於1994年5月，簽發一紙辭退信把我辭退，讓我從此告別努力多年、兄弟家族共同打下的江山。

大哥是打著雙魚集團減低家族色彩，朝向建立一支現代化的管理團隊為旗幟，作出把我辭退的決策。那是一段不堪回首的往事，它不僅僅代表了金錢上的利益，也象徵多年來，血濃於水的親情根基受到了撼動。這畢生難忘的一天，可用心如刀割來形容當下的感受。

塞翁失馬

俗話說，塞翁失馬焉知非福。那封辭退信、讓我黯然離開的辭退信，多年以後，竟成了協助我攀上事業另一高峰的「護身符」。或許，這就是命運的安排，我會在本書的第五章「創業篇」，細說這一段峰迴路轉的經歷。

雙魚高層每逢週三的例常會議

上市夢碎

許希雄在 90 年代初加入雙魚後，其目標是要把企業做大，為上市鋪路。直到96年陳蒙志接替大哥出任集團董事長，希望能讓陷入困境的雙魚起死回生，無奈最終無法扭轉頹勢，在金融風暴的雙重打擊下，於98年難逃清盤的厄運。

許希雄為了上市，曾作出多個嘗試，其中一個是同深圳金田交換股票[注2]換取其上市資格，但大哥最終不同意。大哥不同意的原因是，雙魚得私下付對方一筆數目龐大傭金。另一個嘗試是，與一家生產鐵管的上市公司交換股票，但最終也不知何故，不了了之。

雙魚和金田在 94 年 7 月 21 日，還假泛太平洋酒店，舉行了簽約儀式和記者會。當時金田宣布，將通過旗下兩家子公司，注入約佔雙魚集團 30% 股權的資金到雙魚。

同年 8 月 13 日出版的第二期《雙魚企業》，報導了最新的雙魚集團組織圖。董事局已委任了黃漢清為執行董事長，與大哥的董事長職位「平起平坐」，但整個董事局，只有兩個人。

架空大哥

在董事局之外，還成立了一個以黃漢清為主席的 8 人董事局執行委員會，說其職責是為更好執行董事局的任務，並不時替董事局作出決策決定。雖然大哥仍在委員會裡，但只擔任委員。這明顯是架空了董事局的權力，也象徵黃漢清在雙魚的權力，已凌駕於大哥之上。

[注2] 交換股票：獲取上市資格常被視為借殼上市的一種方式。

在業務的日常管理運作上,執行主席黃漢清,是其中一名總負責人,另一人是執行總裁許希雄。種種跡象顯示,從94年下半年起,大哥已大權旁落。

雖然公開簽了約,但深圳金田購買雙魚30%股權的承諾,卻始終沒有兌現。據老黎透露,不只承諾的資金沒有到位,雙魚在這場交易中,還損失了200萬新元的 L/C(信用證)[注3]。

掙扎破產

第三階段:1996 至 1998 年──掙扎破產

1996年5月14日《聯合早報》財經版刊登了一則消息:雙魚集團管理層大變動。創辦人洪振鈿退居幕後,陳蒙志加入任集團主席。

陳蒙志是於96年4月1日,正式取代大哥出任雙魚集團董事長。陳蒙志是僑興(毛巾與棉織品出入口商)的董事長,也是上海書局的執行董事。畢業於南洋大學物理系的陳蒙志,曾任新加坡工藝學院講師。大哥和陳蒙志二人,當年是在「你情我願」的情況下交棒。

是亂非爛

大哥說,許希雄把雙魚的規模擴充到那麼大,對管理雙魚,他已力不從心,於是決定退下,離職後也停薪。大哥回憶說:「這個人(指陳蒙

[注3] 信用證(Letter of Credit)常用縮寫:L/C,是國際結算的一種主要的結算方式。

志）是不錯的，他是我的老師。他一年只象徵性拿一塊錢的薪水，替我承擔。」林關浩則說，陳蒙志以他在商界的身份與地位鎮住各方。銀行因陳蒙志的加入，對雙魚暫時採取觀望的態度。

關浩形容，陳蒙志為人精明。有一回陳蒙志向他分析整個形勢說：「關浩，雙魚是一個亂攤子，不是爛。我有任務把它整理好。」陳蒙志對大哥的評價是：感覺他很任性，卻是心無城府、沒有心機的人。

一元領導

為什麼只拿一塊錢年薪？陳蒙志說，原來他是效仿當時美國商業偶像第一人——李艾柯卡 Lee Iacocca 的傳奇故事。李艾柯卡曾是福特汽車的總裁，80年代他臨危授命，接任克萊斯勒Chrysler 汽車公司的總裁。為了整頓這家瀕臨破產的公司，李艾柯卡主動把年薪降為1美元，以換取管理層和員工同意減薪。

臨危受命的陳蒙志

這名企業家，後來奇跡般令克萊斯勒起死回生，成為美國汽車業家喻戶曉的人物。林清如律師和陳蒙志雖是多年老友，但坦言一直不解，為何陳蒙志當年會加入雙魚。

為何接手？

既然是一個爛攤子，陳蒙志當初為什麼會接手雙魚？這是很多人都想知道的。陳蒙志說，有一天大哥帶著總裁許希雄來找他，要求他協助解決雙魚的問題。陳蒙志當時的回答是：「雙魚的問題這麼大，我解決不了！」

大哥於是把一份盡職調查報告（due diligence）[注4]交給陳蒙志閱讀。這是本地一家主要銀行，耗時4到6個月完成的詳盡報告，結論給予雙魚很好的評價。它評估雙魚的前途仍然光明，並強調銀行支持該企業。

銀行支援

陳蒙志隨後把這份全是賬目、沉甸甸的報告，拿去給另一家銀行調研。經過仔細研究後，得出同樣的積極結論，前提是：公司必須進行重組。得到兩家銀行的肯定，另一家外資銀行也跟進表態：「我們知道這件事，我們也支援你！」有了三家銀行的鼎力支持，陳蒙志心裡想，大概不會出什麼問題吧？

陳蒙志最終接受邀請，出任雙魚董事長。當時他只提出一個條件，把公司最後的決策權交給他。大哥於是把所有兄弟姐妹的股份，全部委託給他保管，陳蒙志有權全權處理所有的股份。接下來雙魚若有什麼協定，他也可以代表簽署。

亂七八糟

陳蒙志入駐雙魚後，發現這家公司亂得一塌糊塗，自己也看傻了！許希雄為了要上市，不管任何企業都接收過來，合作條件亂七八糟，有很多與雙魚業務完全無關的，也照收不誤。最糟糕的是許希雄還到中國，做了多項投資，包括房地產、商場、工廠等，但多數投資都沒了下文。陳蒙志說，既然已投身入雙魚，就得想辦法把它整頓好。

[注4] 盡職調查（due diligence）：通常也稱之為DD，目的是讓投資人對公司有一個全面的瞭解。

賠兩千萬

　　陳蒙志出任雙魚董事長時，並沒有注資。他雖沒有出一分錢，但後來卻賠了將近2000萬新元，為什麼呢？

　　陳蒙志說：「當我接手時，就知道任務艱巨，雙魚必須要徹底改組，但之前很多事務是許希雄安排的，我不知頭不知尾，也不知道找什麼人談商。我當時去了中國五、六趟，開始接觸那些雙魚曾投資的公司，並嘗試瞭解詳情，包括投資了哪些專案，專案的進展等，花了我大概一年的時間。」

　　緊接著準備著手整頓公司時，卻遇上 97 年突如其來的亞洲金融風暴。有一天，某家銀行經理造訪陳蒙志，說因為金融風暴的關係，不得不撤銷原先對雙魚的支援。

陳蒙志（左）和林清如律師，闡述了雙魚破產前的最後掙扎。

原本說要支持雙魚的外資銀行，也因這場風暴，宣布緊縮海外業務，新措施同樣嚴重影響到雙魚。由於陳蒙志以個人名義簽保支持雙魚，結果受到很大的牽連。

陳蒙志感歎：「我當時還在了解雙魚業務的階段，都還沒來得及著手改組，事情（金融風暴）來得太快了。我加入雙魚才一年多時間，卻總共輸了接近2000萬新元，包括連累僑興賠了兩間店屋、一個倉庫變賣後賠給銀行，若不賠錢僑興也將受牽連得關門。我個人則賠了兩幢洋房。僑興還另外賠了900多萬元的債務。」

對於在短短一年多的時間裡，就遭遇如此慘重的損失，今天的陳蒙志卻雲淡風輕地說：「無所謂啦，人生的事，大大小小的很多，可惜不完的啦。」

時不與我

陳蒙志形容，自己拿得起放得下，這也是他多年來第一次跟家人以外的人，講起雙魚的往事。他至今仍堅信，當初銀行的盡職調查報告是合理的。雙魚的內部問題太複雜了，改組不一定能成功，但至少還有一線機會。

遇上亞洲金融風暴，讓之前的一切努力化為泡影。如今回想起來，陳蒙志感歎，時不與我，真是謀事在人、成事在天呀！

陳蒙志是在96年4月，才開始接觸雙魚的內部運作，直到隔年2月份，才對狀況有了較清晰的瞭解，但亞洲金融風暴已悄然蔓延，到了4、5月就徹底爆發了。

陳蒙志接手雙魚後，剛開始時毫無頭緒，也不懂得如何去整頓，他花了一年的時間，去瞭解每項投資，終於瞭解很多問題，都是許希雄經手並造成的。因此，當時陳蒙志已下定決心，改組的第一件事，就是要開除許希雄。

兩個「錯誤」

　　陳蒙志也曾積極做了幾方面的努力，試圖力挽狂瀾。其一是與從事零售業的印尼財團，在澳洲買了個空殼上市公司，並計劃把印尼的零售，與新加坡雙魚業務合併。但棘手的是，澳洲的法規，包括會計條例與新、印兩地截然不同，要整合起來太麻煩了。

　　最不巧是遇上了亞洲金融風暴，那時所有活動都停頓下來。陳蒙志語重心長地說：「如今回想，真是人算不如天算。時機不在你這裡，怎麼算都沒有用的。」陳蒙志後來更多次告訴孩子們說：「我是在錯誤的時間，去了錯誤的地方。」無可奈何呀！

化為烏有

　　陳蒙志認為，雙魚最糟糕的合作，是與深圳金田的交易。雙魚花了約300多萬美元，向金田購買了8到10幢於上海開發的房地產，這批包括別墅、半獨立洋房、以及公寓的房地產，繳交了前期首付後，卻不了了之，音訊全無。

　　陳蒙志當時詢問了銀行的負責人，他們在詳細閱讀了雙魚的盡職調查報告後認為，只要進行妥善的整理與重組，雙魚今後仍有前途的。如今回頭看銀行的報告，仍然是正確的。

　　雙魚估計2000多萬美元的海外投資，約80%在中國。眾所周知，如今中國上海的房地產，早已非常值錢，然而雙魚早期在金田的投資，只給了前期首付就全無下文。這些手續不清不楚的投資，導致早期投入的錢，因毀約全被沒收，當雙魚破產後，在中國的產業，更全部化為烏有。

報窮24年

陳蒙志因擔保雙魚，於 1998 年 9 月被判入窮籍，一直到 2022 年底，才脫離破產人士行列，歷時超過 24 年。因賠掉產業，再也拿不出錢，於破產 5 年後，申請脫離窮籍但沒批准，唯有接受事實。之後他把 20 萬元公積金存款的一半，拿去還債，最終報窮司才同意於 2022 年底，讓他脫離窮籍。

陳蒙志破產後生活照常，一切的社交活動，也沒有受到影響。他心裡明白，無愧於任何人。他說：「雙魚的欠債，沒有一分錢是我借的；雙魚的債務是在我來之前欠下的。我沒拿過雙魚一分錢，所以我的心裡是坦然的。外人都不知道我報窮的事。我還是照舊參加社團活動，過著平常的日子。唯一不便的是，每次出國都要申請准證。」

陳蒙志也談到了破產多年的心路歷程。他說：「我當時寫信給報窮司，那些借錢的人都脫離（窮籍）了，而沒有借錢的人，還不能出來。最後得到的答覆就是不可以，也沒有給任何理由。破產 20 多年是一段很長的時間。」聽到老前輩平靜地，娓娓道出這段早已塵封的往事，對第一次聽到真相的我，直起雞皮疙瘩，驚訝這位過去曾大力幫助過洪家、幫大哥從地攤發跡的恩人，竟為了挽救雙魚，付出了如此沉重的代價。

私下募股

雙魚在90年代，通過私下募股獲取大量資金。說到私下募股，不得不提及雙魚副主席黃錦華，他是因雙魚破產，損失最慘重的人之一。黃錦華的家族飼養生魚，供應量佔了新加坡很大部分的市場。他個人與家族，前後真金白銀，給雙魚投下估計不少於 700 萬新元。

據説，與黃錦華有業務往來的家嫂魚頭米粉，也因投資雙魚，而成了受害者之一。因此當時到底有多少人，掏出真金白銀私下購買雙魚股票？涉及的款項又是多少？又有多少人因此傾家蕩產？至今仍是一個謎。

陳蒙志也知道黃錦華投入了很多錢。黃錦華家族在牛車水巴剎，有一個專賣生魚的 Fish Wong 魚攤，目前由弟弟與弟媳經營。據弟媳反映，黃錦華不願重提往事，當年的不當投資，間接害了三個家庭「無家可歸」，三幢包括烏節附近的排屋，被迫變賣還債。

律師林清如也透露，自己曾受邀買股。雙魚醞釀上市前，大哥曾找林律師出資30萬元，以「現在賣你每股一元，上市後可以拿回多少倍」來遊説他。仔細考慮後，林律師不為所動。

至於林律師的一名友人，則剛賣了房子，手頭上有閒錢，而選擇入股。當時很多人投入 30 萬、50 萬，在雙魚破產後，股權一夜間頓成廢紙，令人唏噓。

歌星慘賠

當年的雙魚集團，給人一種發展如日中天的錯覺，許多人都爭相恐後入場，想分一杯羹。一名女歌星投資了 20 萬新元入股雙魚，像這類私下募股的個體戶，真正數目不知有多少，但肯定女歌星只是冰山一角。

多年以後我們聯繫了女歌星，她只在簡訊裡簡短表示：「我這20萬元已經打水漂了，也沒有什麼可以回憶的。只是覺得自己太年輕了，沒有做調查就很輕易的相信了。當時20萬元確實是很大的，心裡很難受，但現在把它忘了！不想再談它。」

當時私下募股，還有一個非常誘人的條件，即若雙魚上不了市，將連

本帶利還給投資者，這種包賺的宣傳手法，果真吸引到不少人趨之若騖。女歌星後來要求把雙魚的股票賣掉，但從始至終找不到買家接盤。

雙魚在90年代，也經常傳出有大機構收購其股票的新聞。例如1995年1月4日，《聯合早報》第19版刊登：「與洪振鈿簽協定書-亞太投資機構計劃，收購雙魚三百萬股普通股」。此外《雙魚企業》第二期也報導，匯亞資金管理公司，宣布動用1000萬元資金投資雙魚，還強調該公司主要是看中雙魚的發展潛能，和在中國的業務發展，這項合作後來也不了了之。

錢去了哪？

雙魚賺了那麼多的錢，尤其是會下「金蛋」的牛車水旗艦店，那錢到底去了哪裡？哥哥是否涉及賭博？

洪家弟妹一直都視大哥為偶像，對外人說什麼流言蜚語，一律拒絕相信。然而後來所有的錢都沒有了，為什麼會這樣呢？

我曾當面詢問大哥，但他卻極力否認。以下是對話：

問：有人曾經看到你在馬場牽馬……

答：牽馬？我從來沒有去過那邊啊！我哪有牽馬，牽個屁！

問：有人也看到你在某一場重要的足球賽，說你沒有到場，這場球賽是不能開始的。

答：為什麼說這些話？胡說八道，不要亂講。

問：從來沒有牽過馬。那你有賭球嗎？

答：賭球我有。

問：　那你下注多嗎？

答：　很小、不大。

問：　多小？5000元？

答：　沒有啦，三、五十元而已。

亂搞一通

大哥批評許希雄，無序擴張雙魚的做法是「亂搞一通」，把準備上市的公司，搞到「失控」。以下是我與大哥的對話：

答：　那是錯的，不能搞得這麼大、那麼廣……

問：　許希雄當總裁時聘請了一大批南大生加入……

答：　你聽我講，這個人是有一點能幹的人，但他好大喜功，我沒有辦法。他已經進來了，該怎麼辦呢？許希雄什麼東西都不必輸的，他拿我的東西（錢）來玩而已。

問：　許希雄為什麼會進入雙魚？當初是你請他，還是他找上你？

答：　他是我的朋友。起初他是好意要幫助我上市，但他做不到。

陳蒙志認為，雙魚最大的問題，是大哥太倚重許希雄。許希雄既沒有計劃、也沒有全盤思考問題，只是不惜代價、也不計後果一味想上市。

老大錯用了人，且過於信任總裁，但此人卻不考慮公司的內部結構、管理與運作，不管三七二十一亂搞，希望能掛牌，結果被他拖下水的人很多。

老黎則透露了他加入雙魚後，深感危機四伏、每天心驚膽跳。後期雙魚的多名高層職員，天天走進陳蒙志位於愛德華太子路的辦公室，要求開除許希雄。

陳蒙志説：「事情爆發後，大家都覺得，許希雄必須對事件負起最大的責任。然而，那時的雙魚大勢已去，已被司法接管了，就算我開除他，也無補於事了。」最後，許希雄是自動辭職離開了雙魚。

前世欠債

套用陳蒙志自己的話説，人生的起起落落，真的是説不完。既然來了，面對它就是。他強調：「我這個人有一個優點，拿得起放得下，來了就來、去了就去。你愁也沒用，好好過日子就是了。」經歷了這一切，同樣的，陳蒙志早已到了笑看風雲的人生境界。他經常開玩笑對大哥説：「我是前世欠你的債，哈哈哈！」

制度敗壞

雙魚集團管理鬆散制度敗壞。它空有一個光鮮亮麗的外殼，卻讓人感到惴惴不安。老黎就這麼形容：「我天天感覺到危機，天天心驚膽跳！」

事實上，雙魚體制的敗壞體現在方方面面。有一天，我看到一份文件記錄很多項目總共是 500 萬美金的投資，後來卻找不到這個紀錄，錢就是這麼輸光。老黎一針見血地指出：「雙魚主要的問題是總裁胡亂投資，投資方式是，放了一筆錢之後就不管，而且也不懂得如何去管。」

雙魚集團內部有多部汽車，附帶的添油卡讓公家車隨時添油卻沒人監管，結果有人濫用公家卡給親朋戚友天天打免費油。

湖南的雙魚服裝廠舉行開業儀式

關浩於是設計了一張里程表，規定添油卡不能徇私，只能用作辦公用途。雙魚高層頻到旗下滿庭芳酒樓，吃喝玩樂開公賬，林關浩認為，酒樓最終的命運也是死路一條。雙魚高層出國公幹，習慣坐豪華機艙、住五星級酒店充排場，關浩感歎中國投資也頻出問題，同對方的合作，只有花大錢，卻沒有賺到錢……

組織鬆散

轉型之後，為什麼失敗？兄弟們的理解是，轉型後的一大敗筆是，雙魚再也不是以兄弟為本，公司的組織變得鬆散。從90年代起，大哥的理念轉變了，只相信外來的專業人員，沒有考慮到自己的兄弟姐妹，過去胼手胝足、辛苦建立起來的默契。當公司規模不斷擴大，再也沒有人能控制了。

兀蘭分行

雙魚兀蘭分行，曾經是馬國越堤族的最愛，也是雙魚在高光時刻，位於北部家喻戶曉的地標之一。這個面積達4萬多方尺的店面，自雙魚破產後，由昇菘超市標下這個地方。這間偌大的店面，當時生意非常火爆，也奠定了昇菘長足發展的基石。

精神永續

在新冠疫情爆發前，我連續兩年，聯繫了雙魚的老員工聚餐敍舊。有19人應邀出席，場面溫馨。一晃20多年，幕幕往事，歷歷在目，就像昨日剛發生一樣。第三年的聚餐，因突發事件取消，第四年遇疫情而擱置。雙魚雖已走入歷史，但當年它所延續的手足情、主雇情、同事情至今仍在。在不久的將來，我會繼續召集老員工，聚餐敍舊，讓雙魚精神永續。

雙魚兀蘭分行，曾經是越堤族的最愛。

結語

　　洪家兵團從擺地攤，一直到走入店裡，靠的是弟妹們勇往直前、無私的付出。一直到1993年，我們所賺到的錢估計至少有8000萬新幣，這筆錢是什麼概念？試想當年一間三房式組屋，才賣3萬3000元呀，然而所有的錢，最終卻敗光了！

　　雙魚集團自大改革後，在短短七年裡，因大哥的野心和私心，加上錯用他人，導致弟妹們辛苦多年建立起來家當，因雙魚的破產而分崩離析。

　　現實很殘酷。94年我被公司辭退後，下來的十年裡，悲傷的情緒，不斷在我心裡滋長。我有太多的冤屈，無法向人訴說；悲痛欲絕，是我內心真真切切的感受。

　　雙魚破產前夕，洪家變得一團亂。我憐憫弟妹，卻無力回天。雖然我早已轉身離去，但仍心繫雙魚。從地攤情、父母情、兄弟情，一直延伸到

多年以後，我與雙魚舊員工聚餐敘舊。

雙魚，我懷念的，正是這種兄弟一心，無私付出的打拚精神，這讓雙魚的初始，取得很大的成功。可悲的是，最後換回的，卻是全體破產、健康集體亮紅燈的一連串的打擊。當我創辦了myCK後，我的心境仍久久未能平復。

法照大和尚以八卦圖比喻人的善念。黑白兩點中的一點，代表了一個念頭，如果黑點越擴越大，白色的念頭就變成黑了；相反的，如果白點越擴越大，也就是黑的變成白了；要堅持善念，確實很不容易。除了有修養、信仰，還要有寬容、毅力、慈愛。善念不是理所當然的，它需要有養分的滋養，才能得出善心。尤其是經歷過最苦、最艱難的體驗，心中另一個「對我不公平、我被耍了、我被害了」的「惡的想法」開始凝結，導致自己的善心都退場了。

我以佛法擺脫負面情緒，走出一條正能量的道路。我開始思考自己人生的下半場。倘若我無法選擇我的出身，那我至少可以選擇自己的未來路，所以我做慈善，去彌補所有過去曾經被雙魚傷害過的人。

98年雙魚宣布破產，把那麼多人的錢敗光了，我們都是雙魚名下的人，我心裡覺得對不起他人。2000年我開始做慈善，我希望能補償我內心的愧疚。雙魚破產我無力挽回，但我希望自己今後事業有成，賺到錢後堅持的行善路，可以補償一切。

雙魚的破產，導致家庭的潰散，親人長時間充斥負面情緒，彼此生活在愁雲慘霧裡，無法抽身。我希望能把正能量帶回來，帶給我的家人，祝福我的弟妹，祈福一家人平安。雙魚早已走入歷史，而我也行善多年，早已把負面情緒全部消除了。

第四章

去職流浪三載苦

1994 年 5 月，我接到辭退信，這封信也象徵我正式踏上被流放的三年痛苦征程。試想未滿 40 歲的我，正值壯年於一夜之間沒有了事業、沒有了積蓄，連本屬於自己的房產和股票也泡了湯，等同斷絕了所有的經濟命脈，實實在在令我嘗到了一無所有的苦澀滋味。接下來我該如何面對上有老、下有小的生活窘境？那種「無力感」仿佛

錢沒了，工作丟了，前路茫茫，
我該何去何從。

形單影隻，伴我度過與世隔絕的三年。

在我體內的每一個細胞裡不斷滋生與蔓延著……

毫不誇張地說，我有整十年時間，一旦想到自己的經歷和親情就暗自流淚。辛苦打拚的我 650 萬元於一夜之間泡湯，讓我陷入怨恨的漩渦中難以自拔；打從心底湧現的無力感讓我一蹶不振，前路茫茫該何去何從？我最終該如何渡過人生中最黑暗的三年？我又如何掙脫怨恨的枷鎖及原諒一切？

欠錢不還

被辭退的三年裡，重振旗鼓的念頭，一直在腦海中閃爍，但我感覺到自己已沒有力了，我沒有力氣了呀！下來該怎麼辦呢？除了量馬路就是上門討錢！我要索討回的是出售 390 萬元的雙魚股票，以及 260 萬元的現金借貸，當給在大哥的雙魚股票。當時我已下定決心，若成功討回這些錢，我將永遠退出江湖的日子，一心一意把家庭顧好就心滿意足。

而當你曾經擁有許多卻突然失去，並將面對更可怕的遭遇——破產，相信絕大多數的人都接受不了，但不幸的是我將是面對破產的人。討錢初期大哥被我逼急了，緩兵之計是暫時答應償還欠款，但只還了三期就不了了之。1996 年的某一天，我又去找大哥討錢，那時大哥已離開雙魚，他順水推舟建議我去找新任董事長陳蒙志討錢去。

我應約來到雙魚集團新總部，它設在珊頓道附近，愛德華太子路的一幢舊式大樓裡。陳蒙志是上海人，能說一口流利的潮州話。當時陳蒙志對我說：「錢你拿了為什麼還來找我？你哥哥都把 390 萬還給你了，你還來和我討什麼錢？」

我當時整個人都愣住了！我說我並沒有拿到錢呀！然而陳蒙志卻說：「電話就在那邊，你要不要對質？」我回答說：「不要！」我頓時就淚如雨下。如果真要對質，大哥在電話的另一端肯定會說，他已把錢歸還了。無論什麼答案，結局都是歸零和永無止境的爭吵。我的心如刀割，就在這一刻全世界傷心角色又多了我一個，此時此景就是真真切切的感受啊！

陳蒙志回憶起這段往事時說，當時我到他的辦公室追討雙魚的欠款，當時雙魚已沒錢，很快就關門大吉了，況且我要追討的錢也不是在他手上花掉的。陳蒙志緩緩地說：「我當時跟本不可能答覆他。況且我自己後來

也填了很多（錢）進去，我根本不可能滿足他的要求。我只能給他一個很簡單的答案：我做不到！」

斷送親情

我是真的為你哭了……我當時的心情是糟透的。我的錢沒有了，我以為我死定了。無論我怎麼地埋怨，我終將拿不回自己的血汗錢。我怎麼一而再、再而三去找大哥，他總是説：我沒錢了！我唯一能做的是仰天長歎一聲無可奈何呀！我從陳蒙志的辦公室出來，強忍著悲痛一邊走一邊哭，心情太錯綜複雜，委曲無奈，親情沒了……很多事情畫面浮現。漫無目的走了一段很遠的路，途經凱聯大廈到地鐵站，這是我人生中走過的最傷心難過的一段路程。

在我失業的三年裡，家庭的負擔是我面對的最大問題。我總有種在昏暗中遭熱淚燒傷的錯覺。大哥答應還錢，卻給了三期就戛然而止。我決定找律師向大哥採取法律行動討回公道。對簿公堂的日子一天天逼近，母親卻在最後關頭來到我面前對我説：「群啊！我和你説，你不好告你的大哥，你怎麼可以去告自己的大哥呢？」

母親這麼勸我，令我感到痛苦萬分。我與母親非常親近，我向來很聽媽媽的話。但這一次我的內心卻不斷地掙扎，我是否該就此罷手呢？我唯有獨自傷心。母親對

來到十字路口，我的人生該往哪一個方向？

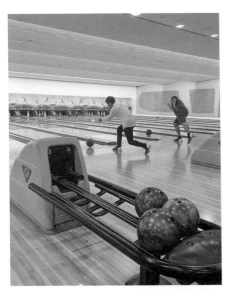

呆坐保齡球場，放空自己，或許是最好的療傷。

落葉片片，無力躺平。

我有很大的影響力。她最終讓我打消了起訴大哥的念頭，如今回想起來當時是非常明確的決定。

無力「躺平」

94年離開後雙魚後，我知道隨著局勢的發展會連累我一併破產。在三年的日子裡我變得十分自卑，經常一人漫無目的乘搭巴士和地鐵閒逛。從東線坐到西線，又從西線坐回東線。整個人看起來傻傻的，多數時候放空自己，見到熟人就躲避⋯⋯。有一幕至今我很難忘。一次在巴士上漫無目的的遊蕩，我拉著車頂的把手，巴士一直不斷的搖晃著，我竟然在左右搖擺的慣性中，搖出了串串豆大的淚珠⋯⋯

眼淚不受控制奪眶而出，我不知道一旁的乘客會作何感想？一個大男人當眾流淚滿臉，滑落的淚顯示他無比的傷心欲絕，該不會出什麼事吧？偶遇相熟的朋友我也會感覺不好意思、不敢去面對而自動閃避。我一直以為別人瞧不起自己，事實上別人並無此意，而是本身的自卑感在作祟。如今回想起來，當時朋友對我應該沒有別的意思，不過

我總覺得他們好像很怕我，於是我的心情就變得更為複雜了。討不回 650 多萬讓我變得暴躁，唯有選擇「躺平」讓時間撫平內心的傷痛，這種苦澀滋味如今仍歷歷在目。

經濟拮据沒錢了就把新車賣掉，從駕駛嶄新的馬賽地（Mercedes Benz）400「淪落」到以 15 年的老捷豹 Jaguar 代步。有一回我駕車回家經過路拱時，車身顛簸「碰！」的一聲整個排氣管掉了下來。於是我又換了一部車齡 18 年的舊款馬賽地。我把車廂內的坐墊全換成新的，給人一種新穎美觀的感覺，但你可明白我當時的心境？我是想通過這種方式告訴大家我還是活得很好，但事實上我已一文不值了。老爺馬賽地一次在白沙拋錨，我不得不狼狽推車到今天仍歷歷在目。我當時是一邊推車一邊內心在哭泣呀，心裡想自己怎麼會淪落到此番田地？悲憤霎那間湧上心頭。

從西到東、再東到西，搭地鐵是我漫無目的的日常。

巴士外的街景，曾經是我熟悉的景物。

天橋「罵人」

有一次我在珍珠大廈的行人天橋上，與LINsAD廣告公司董事總經理蕭兩林不期而遇。那時雙魚破產的消息甚囂塵上，是商界的一大熱門話題。我記得蕭順口詢問我有關雙魚破產的傳言，我立馬沉不住氣破口大罵，非常生氣並失去理性，大聲告訴他，不要在自己面前提起雙魚！如今回想起來我深感抱歉，並對當時的失態感到非常對不起。

然而事隔多年以後，當問起蕭先生這件事時，他的回答竟然是：「我忘了！」經過一番努力思索，他終於找回一丁點模糊的回憶說：「洪振群當時開 myCK 生意最好的就是牛車水店面，他從那裡取得成功。20 多年前我在天橋上說過什麼，我真的忘記了。但我想我當時應該是問：你現在怎麼樣了？僅此關心而已。我也不會去問太詳細的問題，畢竟牽扯到別人的隱私。」既然蕭先生都說事情已忘得一幹二淨了，我還能說些什麼呢？

我當時的心情確實壞透和不好受。我還在掙扎憂愁不曉得明天是否還有轉機？我無數個夜晚失眠，經常借酒澆愁。

雙魚破產讓我及弟弟無辜受牽連，是我看不見的一個傷口。蕭先生無意間觸碰到這個傷痛意外地成了我發洩的出氣筒。從1994到2004年的十年間我心情低落。從94年被辭退、97年myCK創業、98年個人破產，壓力不斷。回憶起前塵往事，尤其是傷心委屈的事，我隨時隨地淚墜不能自己。

行人天橋上的失態，今日仍留遺憾。

海邊寄情

東海岸公園蔚藍的海岸線，是撫平傷痛的理想渡口。眼前寬廣的海天一色、溫暖的海風和片片浮雲，能讓我暫緩內心的壓抑與哀愁。看海的日子讓我有時間靜下心來，仔細思考下來應走的人生路。這是一場人性中正與邪、怨恨與寬恕的交戰。

翻滾的浪花對比我的心平似鏡，彷彿聆聽到水天合一博大深邃的大道之音。海鷗在蔚藍的天空中自由飛翔，大貨船在波光粼粼的海面上匍匐前行，令人感受到大海的廣闊胸襟；它接納了塵世間的風雨，洗滌了藏污納垢的塵埃。大海擁有的不止是一種色彩，還包含了海納百川的偉大胸懷。我就這樣在海邊漫步，感受大自然氣息與深情的同時，逐漸活出了寬容與豁達。

寂寞空巷，成了我的避風港。

老人聚精會神的弈棋，我成了最「給力」的觀棋者。

　　阻礙我復出最大的障礙是無力感,只有切身經歷過才能體會到什麼是無力感。它會讓人感覺到人活著沒啥意義,無論多麼的努力人生仍蒼白無力。它不單打擊人的積極性,對世間萬物也感覺萬念俱灰,陷入一個難以自拔的漩渦裡自暴自棄,這是一種可怕的負能量。

魚雁心聲

　　東海岸海風習習,吹醒了我萎靡不振的頭腦。我喜歡到海邊靠在石椅上以背包當鋪墊,拿出紙和筆埋頭疾書。我希望通過文字的抒發,寫信來打動並提醒弟弟們看清現實,不要受人誤導一錯再錯。

海邊寄情是我撫平傷痛的理想渡口

　　海邊對我來説是一個激發靈感的泉源。海風徐來令人神清氣爽，頭腦也更為清醒。我和親人見面每每講不通時，我就選擇寫信給他們，雖然弟弟多數時候接到我的信時無動於衷。我也忘了到底寫了多少封信？只感覺到靈感來了就埋頭書寫。我到現在還保留這種塗塗寫寫的習慣，我喜歡告訴我的家人，提醒他們時刻保持清醒，勇於面對事實。

在海邊石椅上奮筆疾書，
我提醒弟弟認清現實。

追劇《真情》

　　原本個性外向的我，突然變得內向，不願遇見朋友，終日無所事事，我唯有盡量找尋心靈上的慰藉。正在熱播的香港電視連續劇《真情》，剛好填補了我三年人生的空窗期。每天追看溫馨感人的劇集，是我打發時間的好伴侶，也成了撫慰心靈創傷的港灣。

　　《真情》由徐遇安監製，劉丹、李司琪主演，是香港電視播放時間第三長的電視劇。它恰好在1995年首播，直到99年底結束，總集數1128集。在時間上而言，《真情》像是一部為我量身定製的長壽劇集，

追看《真情》，彌補我當時
失去的親情。

它開播的時間，恰好一直陪伴我渡過最無助的時刻，慰藉我長達3年悲傷空虛的心靈，感謝《真情》的出現。

在《真情》熱播的那幾年裡，劇中善姨、叉燒炳在「三多」燒味店的溫馨故事，對未來的期許，也間接助我重拾光明人生的信心。由黃霑作詞，顧嘉輝譜曲，旋律優美的主題曲〈無悔愛你一生〉，那幾年更是陪伴、激勵著我的精神良伴。尤其是歌詞描繪的幾句：「笑聲笑聲、滿載溫馨，快樂發心內，我心我心，情如醉，親親心中愛……明白有愛有家在，承受冷暖也心開，無論塌下半邊天，都不變改，從未有變過一日……」，到今天，我仍記憶猶新。

海上流浪

我向來喜歡乘搭郵輪，失業的三年裡去得更勤了。我經常自己拿了一個背包上郵輪。檳城、普吉島、浮羅交怡、吉隆坡、麻六甲都留下我的足跡。好友們都要上班，哪有閒工夫陪我去流浪？我選擇隻身一人出海，享受真正屬於自己的獨處時光。

很多時候在郵輪上的我，並不知道自己在想些什麼。我經常放空自己，有時想到傷心處，悲從中來暗中擦淚。你說我出海是為了打發時間、逃避現實也不全然，總之就是一個人獨來獨往，感覺自己前路茫茫何去何從。

我成了麗星郵輪的常客。一個人單獨一房間，為自己尋回一丁點的私人空間。我經常在星期一出發，七天後回來。我經常獨自靜思，很多時候是一段漫無目的的旅程。

90年代出海一個星期的費用499元，包吃包住還有人唱歌給你聽。我非常享受郵輪上的免費膳食。每次去餐廳吃飯，聽菲律賓樂隊彈吉他、拉

海上流浪，郵輪成了我第二個「家」。

浪花飛濺，我該何去何從？

大提琴，美妙的音符令我陶醉。郵輪回程的最後一天，我期待的盛宴登場了：龍蝦、螃蟹等山珍海味，應有盡有，讓大家大飽口福。雖是短暫的快樂，卻讓我忘掉了煩惱與痛苦。讓人難以忘懷的是 90 年代麗星郵輪，那豐盛的龍蝦自助餐。

孤單電影

孤獨一人看電影，也是我失業期間的「必修課」。成龍、李連杰的武打戲讓我暫時忘掉苦惱。功夫片像是為成人量身定製的童話故事，許多身懷絕技，一身正氣模樣的武打明星，一站出來就吸粉無數，加上他們敬業的拼搏精神和賣命的演出，讓我的內心得到了片刻的慰藉。

　　我經常逛購物商場,閒來沒
事發現樓上電影院如有好片上映就
去看,事前並沒有計劃好。凡是武
俠片我都喜歡,我也愛看歐美肌肉
男主演的動作猛片;銀幕上喧鬧的
打鬥情景,往往與銀幕下孤伶伶的
我形成強烈的對比。我無數回隻身
進電影院看電影,暗忖日子過得如
此憋屈,總得找機會苦中作樂一番
吧?有時我進入電影院只為放飛頭
腦,圖個片刻安寧。

戲院內的孤單身影,與銀幕上熱鬧武
打場面,形成強烈對比。

　　我避免看沉悶文藝片,悲傷
的情節會令我更加的神傷,甚至觸景傷情。看成龍在銀幕上與敵人較勁展
開追逐戰,虎虎生威的拳腳讓我化身為戲裡的英雄,就在擊敗惡人正義得
到伸張的瞬間感覺特別痛快。解鈴還須繫鈴人,我必須自己承受、自我開
導,若能跳出去我就能重獲新生,日子就這悄然流逝,一轉眼已過三個春
秋。

生而有翼

　　我如何擺脫令人萬劫不復的無力感?我選擇了改變心態。偉大精神導師
兼詩人賈拉爾‧阿德丁‧魯米有一句經典名言 ——「你生而有翼,為何竟
願一生匍匐前進,形同蟲蟻?」是的,別人都說我有敏銳的商業頭腦、鍥

而不捨的毅力、努力勤奮的心態，我會甘願從此沉淪、形同蟲蟻嗎？答案顯然是否定的！終於我在1997年初正式告別了消沉，我決定從躺平的泥沼中站立起來，決定東山再起！

經過無數風雨，歷經千萬磨礪，我仍舊相信自己沒有迷失自我。過去對大哥的埋怨一直深深困擾著我，如今我早已釋懷原諒一切。最近大哥病重我到醫院探望他，70多歲的人了依舊是那副 happy-go-lucky 的模樣。面對人生中種種的不堪，我早已在一場接一場的內心交戰中洗禮，從對大哥的埋怨，蛻變成感恩與尊重。

我經常想，如果大哥當初把650萬元還給我，就沒有今天的myCK百貨了，所以我還是要感謝大哥。這不是阿Q精神勝利，而是我經歷了種種磨難從佛法中領悟出的道理。

不同的人，內心皆有一座牢不可破的城池，每當遭遇挫折，總會逃
避躲藏。有的人選擇暫喘一口氣，有的終其一生，無法走出。我們
從來不缺少機會，但機會只是垂青準備好的人，讓我幸運地趕上了
實體百貨業興旺的末班車。距離全球矚目的香港回歸，還不到兩個
月時間，牆壁上日曆，定格在 1997 年 5 月 9 日，這一天，是我生
命中的大日子──三年磨一劍，我創業了！大巴窯 178，是我重
新出發的起點。40 歲的我，以自己名字──CK 作保證，我再次站
在椅子上，舉起「小喇叭」喊 lelong！證明我東山再起的決心。

我在97年復出，創辦了myCK，感覺像一隻迎向新生、破繭而出的彩蝶。創業初期，人們總會聯想：這是雙魚的延伸嗎？有人甚至驚訝地以為，雙魚「翻身」了！但事實是，兩者風馬牛不相及！雙魚「壽終正寢」是鐵板釘釘的事實，而涅槃重生的我，正蓄勁待發，迎接生命的新篇章。

黎明時刻

渾圓的外型，黑中有白，白中有黑；黑極盛時，仍有白的空間；白極盛時，亦有黑的餘地。太極圖案所蘊藏的無限智慧，困難與契機，相應相生，危機就是轉機。能度過危機，轉機一定到來。多數成功的人，都曾體驗過黎明前最黑暗的時刻。沒有經歷過挫折的歷練，就不會成就一番大事業，太極圖蘊藏的智慧暗喻了這一切，我決定創業了。

勵精圖治

1997年正值亞洲金融風暴，我選擇了在危機中浴火重生。我走出了三年陰霾，繼續譜寫人生下半場。與其說曾經的去職流浪，是漫無目的、渾渾噩噩的三年，倒不如說是我創業長路前的摸索，是衝向頂峰前的低潮，是臥薪嘗膽，蓄勢待發，勵精圖治的三個春秋。

我40歲創業，心情既興奮又緊張。在大巴窯178，加上我一共六名員工。每天拿起「小喇叭」叫賣，我回憶起少年時代跑夜市的辛苦。如今自己創業了，一切可以自己作主了，我感到非常的興奮。

命運饋贈的所有禮物，彷彿早已標好了價格；攀登頂峰的征途，亦註定要經歷高山與低谷的交替、嘗遍黑夜與白晝的輪迴。一切的未知，只會讓充滿鬥志的舵手更加強大。太太的儲蓄，加上孩子的壓歲錢，我以區區的28萬元老本重新出發。

　　創業的第一天，我拿著俗稱「小喇叭」的擴音機，在店裡高喊：lelong！lelong！事隔多年，我再喊第一聲lelong！lelong！我的眼淚情不自禁的流下來。這是一名中年大叔重操舊業、粉墨登場的啼聲初試，也象徵著我正式開啟了披荊斬棘的創業之路。

　　大巴窯中心178，是我重新出發的起點。取名CK百貨（後改名myCK），正是我洪振群英文名字 Ang Chin Koon 的縮寫。小店鋪牆壁上每一寸空間，釘滿了紅白相間的大減價海報，彷彿覆蓋了昔日歲月斑駁的

27年前我40歲時在大巴窯創業的第一天，店裡擠滿了顧客。圖左的我在店裡喊lelong，內心百感交集。

傷痕；重拾俗稱「小喇叭」的擴音器，我站在椅子上再次高喊 lelong，人到中年重拾聲嘶力竭的老路，五味雜陳湧上心頭！

夜闌人靜時，我望著白天被顧客清空的鐵架子，百感交集悄然流下了眼淚。兩行熱淚是喜極而泣的悸動，是希望重燃的感動，更是憧憬未來的心動，所有一切盡在不言中。

我以夜市的營業手法重新出發，當時很多人並不看好，評價負面，認為像雙魚這樣的模式，早就不行了，我哪會有什麼希望呢？

lelong，行嗎？

開張的第一天，會不會有生意？生意上雖身經百戰，還是會擔心。我做足準備，儘可能提供物有所值的商品。結果，皇天不負苦心人，第一天門庭若市，下來更是人潮洶湧，絡繹不絕。

大巴窯初試啼聲，包括我只有 7 名員工的小店，卻迎來絡繹不絕的人潮。旺熱的買氣，猶如一塊試金石，給了我莫大的信心。當時myCK百貨一個月的營業額，可高達50萬元。

首年三店

創業第一年，我開了三間店。第一間97年的5月份，在大巴窯；8月，在牛車水二樓的大有百貨旁，11月份，勿洛中心附近的店

大巴窯店出現了排隊人龍，給了我莫大的信心。

鋪。大巴窯生意好，人潮沒有停歇過。我內心覺得驚訝，這種零售模式，在當時仍沒有過時，還有很強的生命力，仍有很大的發展空間。剛加入的女收銀員，感覺這家公司很特別，人員雖然少，但運作的方式卻很瘋狂。一搞大促銷，馬上就人滿為患，店員學到的，是靈活應對。

顧客進店購買底褲，不是買兩三條的，而是一、兩打的買，當時的買氣，就是那麼的炙熱。當時店內的貨，是沒有標價的。以前種類少，價錢統一，三件十元，一元一件的也很多。我們這個模式從跑地牛時開始，後來延續到雙魚，以及如今的myCK，是一樣的成功模式。

收銀機太慢

當時收銀機有個缺點，當生意太好，收錢的速度跟不上，機器太慢了。不關收銀機滾筒，意味著交易沒有記錄在案，員工必須獲得老闆的高度信任才行。倘若沒有了信任度，想靈活也毫無辦法，想加快速度也快不了。

收銀機的滾筒，基本上是不關的，節省了開關的寶貴時間；我教導收銀員，用心算加快收錢的速度。開始時員工戰戰兢兢，害怕算錯，但事在人為，很快就上手了。

大巴窯店，人潮不斷。當時貨品種類不多，價錢也簡單。我每天待在店裡，從早忙到晚，小小的一間店，平均每天有近兩萬元的生意額，一件3元5元10元的衣服，一天是要賣很多的衣服。

上下鄰居

97年8月份，創業的三個月後，我在牛車水大廈二樓的大有百貨旁，開了第二間myCK店。雙魚牛車水旗艦店，當時還在一樓營業；諷刺的

是，我們樓上樓下，竟成了「鄰居」！雙魚因貨源短缺，門可羅雀，早已風光不再。

創辦myCK初期，人稱「源哥」的香港人黃錫源，對我有很大的幫助。他不只是我的生意夥伴，也是我長達40餘年的摯友（第九章我會詳述我們的交往）。正因源哥義不容辭的協助，尤其在最初兩年對我的幫助，使myCK百貨生意能一枝獨秀，讓我成功搭上了百貨零售店興旺的末班車。源哥回憶說：「坤哥最失意的時候，我每年都來探望他。記得當初他對我說，讓我休息一下，你等我……」

源哥相助

三年後，終於有一天，我打電話到香港：「源哥，我要出來做了，你支不支援？」黃錫源聽畢，不假思索答應說：「OK，如果你做，我支援你！但我首先必須與我的合夥人陳先生辭職。」於是源哥向陳先生表明，做完這幾個月就不做了。陳先生不捨得力夥伴的離開，極力挽留，但源哥去意已決。

我剛創業時，開始的兩年，源哥對我的幫助非常大。我當時隻身一人到中國找供應商，源哥陪我走遍千山萬水尋找貨源，讓我銘記於心。記得大巴窯第一家店開張時，源哥就從香港過來探望我了，他親眼目睹生意滔滔、人潮洶湧的情景，也見證我站在椅子上喊：Cheap Sale！Cheap Sale！（大平賣，特價）的一幕。目睹眼前這名曾經雙魚集團二老闆的我，人到中年仍得站在椅子上，拿著「小喇叭」聲嘶力竭，不知當時源哥心裡會作何感受？

創業隔年，我相中淡濱尼中心的一間店鋪，想頂下來，對方開價55萬元。手頭上缺乏資金，摯友陳利坤義無反顧借我30萬元，讓我順利完成交易。淡濱尼店在98年6月份開張，這是myCK的第四間店，生意興隆。當

時的貨品主要是童裝、褲子、毛巾。單一款白色的童裝、連身衣褲，簡單
的幾樣商品，幸運地成了暢銷貨品。

羅厘「變」貨倉

淡濱尼的生意太好了，得一直補貨，當時沒有獨立的貨倉。起初我把
其中一間廁所改成儲藏室，後來連電房放貨也不夠用，我得想辦法解決才
行。於是，我想到了買一部羅厘（lorry，貨車），充當貨倉的權宜之計。

用羅厘當貨倉?!在當時是一個創舉。我把羅厘停泊在店旁的停車場，

把電池卸下，當成貨倉來存
貨，後來還增加到兩部羅
厘。兩部10尺長的羅厘，車
鬥很高，裝上了鐵架，爬上
羅厘取貨的員工卻是一件苦
差。悶熱無比的車鬥，卸完
貨的員工，經常大汗淋漓、
全身濕透。每晚把放在店外
的70輛吊衣車，奮力推上羅
厘，隔天又要推下來，周而
復始，確實非常辛苦。

每個月，我特地安排了
一名員工，把羅厘的電池裝
回去，然後發動引擎，把車

淡濱尼513曾經是生意最火爆的分店，卸貨時
把店前的小草都壓死了。

身挪動幾個停車位，方便割草工人能夠割草。否則，固定停泊在同一個地點太久，雜草一旦高長，就會引來投訴。

壓死「草地」

淡濱尼店的前面有一個操場，我們經常就地在操場上補貨卸貨，留下滿地數量驚人的紙皮，蔚為奇觀。

密集出貨，導致店前一片草地，全被踏死。市鎮會人員通知我們，必須買草回來種，恢復原貌，不然就要開罰單。我唯有硬著頭皮，請工人去花圃買草，在光禿禿的草坪上，重新種上綠草。這段種草的經歷，讓我的創業過程，增添了意想不到的色彩。

同當初的大巴窯店一樣，淡濱尼513的生意，同樣火爆。一間不到700方尺的店鋪，第一個月營業額70多萬元。員工們每天都處在亢奮的狀態，高峰時顧客一直在排隊。單單收錢、找錢，就忙得連上廁所的時間都沒有。

店外「晾衣」

到了年中學校假期，又是另一輪購物高峰期。我們在店外，推了70架吊衣車，展示各種各樣的衣服。我們店外面積，竟比店裡的還要大。

當我拿起小喇叭叫賣時，滿滿都是人潮，得一直補貨。我們單單賣5角錢一條的毛巾，一天竟有2000元的銷售額。當時的淡濱尼店，位置卓越，後面的地鐵還沒有啟動，周圍的店仍未竣工。我們的店生意非常好，員工忙碌，我看在眼裡，疼在心裡，特地每星期為他們準備了40箱的礦泉水；16名工人，一天打包三餐，讓員工無後顧之憂，全神貫注打拚。

形同「打仗」

　　myCK 秉承雙魚的成功模式，開設臨時店鋪。我們生動地用「打仗」、跑店，來形容臨時店，員工對遊擊戰的作業方式，記憶猶新。

　　臨時店的優點是，靈活、成本低、賺錢快，但運作起來像打遊擊，比固定店面辛苦，員工所作出的努力和犧牲也更大。

　　跑店辛苦有幾點，一般店裡什麼都沒有，每天需要又搬又抬。地點有時距離住家很遠，員工得付出額外的努力時間。因人手關係，一般幾個月的短期租約，每個時段也只能有一家臨時店在運作。

滿牆紙卡

　　我們去過很多地方「打仗」，珍珠坊、義順、文禮、金文泰，都曾經留下臨時店的烙印。全島跑透透，連招牌也沒有，一張接一張印上瘋狂大減價的紙卡，釘滿整幅牆壁，非常的顯眼，這是當時myCK的特色。這種充滿動感、活力的促銷風格，源自於香港，是我到香港採購時學習到的。

　　我們也會在店前，掛上寫著「轟轟烈烈大減價」的顯眼布條，吸人眼球。我尋覓過去在夜市極為暢銷的貨品，搬到店裡售賣，價廉物美的貨品，才是真正吸引人潮的原因，也是生意成功的不二法門。

牆壁貼滿顯眼的促銷海報，是我從香港學習到的。

不少員工都有跑店的經歷。當我開始買店後，一些經歷磨練的主要員工，開始一人管一間店鋪，臨時店的運作，由此逐漸走入了歷史。

當時除了中國，馬來西亞的多個供應商，也開始供貨給我。源哥說：「坤哥的目標，是要拿回牛車水一樓的那間店。如果成功取回，他的發展可就大了。」的確，我最大的心願，就是要取回一樓的店面，那裡曾是我們兄弟姐妹畢生的心血。

見證奇蹟

或許是我通過了初步的磨難與考驗，否極泰來，幸運之神，開始眷顧我吧？否則，我又怎能奇蹟般標到牛車水店，失而復得呢？

一名印尼商人，過去與雙魚有業務上的往來，知道這個地點超好，起初計劃出價300萬頂下租約。明明是印尼商人的囊中物，但對方卻因在租約轉讓過程中，趁97年金融風暴，在頂費上「殺價」，從原本獻議的300萬元銳減一半到150萬，結果被司法管委派的清算事務管理人，裁定為「沒有誠信」，決定把轉讓權讓給他人。

當時的牛車水旺店，仍是一隻會下金蛋的母雞。上述逆轉，像是冥冥之中自有天意，機會終於降臨到我身上。然而，臨門一腳的關鍵時刻，我卻得硬著頭皮告訴清算人，我沒有足夠的資金，只有能力出價60萬元。

這個出價實在太低了，清算人怎麼能接受呢？後來他們提議我繳付90萬，以及欠下的10萬租金，合計100萬元，這間店就算給我了。

當時，100萬對我來說，可不是一筆小數目。於是我又向清算人建議，我可以分期付款嗎？但我國的法律程序，並無此先例，分期攤還的夢想也泡湯了；一時之間，我該如何去籌這筆錢呢？

23 張支票

我當時仍破產，向銀行借錢基本無望。於是我抱著姑且一試的心理，私下向朋友借錢。我萬萬沒想到的是，在很短的時間內，竟奇跡般收到了23張支票，總金額達到了120萬元。

我非常感謝朋友們對我的信任，並在我最需要時，仗義協助。頂下牛車水店旗艦店後，myCK的業務，從此一飛衝天。我也趁機在這裡，再度的感謝23位信任我的好朋友，振群感恩！

話說回頭，印尼富商雖半途殺價，但最後的出價，仍是比我多出50萬，所以我最終拿到這家店的經營權，是命中註定的。對此，我充滿感恩之心。這也推動了我今後一直做慈善的信念，因為我相信，上天的恩典是要還回去的。

23名朋友開出的支票，助我拿下牛車水旗艦店。

台底吃飯

98年10月22日，是我事業攀上高峰的時刻，我再次回到牛車水一樓的地面層，也就是雙魚旗艦店的前身。當時牛車水仍是一塊寶地，人潮像潮水般，從四方八面湧進店來。牛車水開張的首三個月，店員忙碌程度，真的超過了一般人的想像。

我從司法管理手中，接過牛車水店後，立刻開張營業。由於貨源琳琅滿目，經營手法獨特。生意立刻大有起色，與雙魚清盤前店裡奄奄一息、慘澹經營的情況大相徑庭。

披上喜慶新裝,迎接龍年降臨的牛車水店。

牛車水旗艦店營業後,我親力親為上陣喊lelong。開張後的首三個月,生意好到令人吃驚,員工經常忙到沒時間吃飯。

兩名收銀員,一人在上面收錢,另一人抽空蹲在台下吃飯盒,匆匆忙忙、草草了事,沒有半刻閒暇時間。我目睹她們的付出,疼在心裡,心裡想一定要好好犒賞員工的努力。

末班輝煌

重取牛車水店,證明了我的判斷,讓我真正搭上了實體零售商店輝煌的最後末班車。由於得到眾多供應商的支援,myCK應有盡有的貨源,在那個沒有網購的時代裡,大大豐富了顧客的購物體驗。

源哥到新加坡探望我,前往牛車水店參觀時因顧客太多,他主動撈起衣袖,協助售貨員打包物品。雖然入口處換上了新招牌,不少人卻視若無睹,仍把myCK當成過去的雙魚。過了很長的一段時間,仍有顧客會問:你們這裡不是雙魚呀?

破產難逃

雙魚在98年,因欠下1000多名債權人總額2600萬新元債務,被司法管理。我曾是雙魚的董事,因擔保雙魚而受到拖累,同一年我也被打入窮籍。

　　我在創業隔年破產，眼見人生稍有起色，又再受重創。我當時埋怨世間不如意事，怎會總是偏偏選中我？無業三年、破產四年，左三年、右四年的至暗歲月，讓我受盡煎熬。

　　對我破產一事，其實我早已有心理準備，但真正來臨時，仍讓我沮喪萬分，也影響到我未來購買產業的借貸。

　　myCK創辦後，許多人都認為是雙魚「鹹魚翻生」了，尤其是我拿下牛車水雙魚旗艦店後。為何會造成這種誤解？相信不難理解，因為我是洪家五兄弟的老二，又曾是雙魚的董事，會產生錯誤的印象不足為奇。這種誤解甚至在myCK創業6年後，當時在《聯合早報》擔任資深財經記者的譚蕾，因為我開始買產業引起了市場的注意，她以此為題材撰寫了一篇特別報導後，製造了一次輿論高峰，本章節容後詳加描述。四年後，我償還了9萬元，終於脫離了窮籍。

上下兩層的myCK牛車水店，至今仍受顧客歡迎。

兩大組合

我在2001年首開先河，把洗浴用品和日用品，搬上了myCK的櫥窗，使它成為除了時裝外，另一根支撐myCK業務發展的支柱。

有趣的是，加入洗浴用品的靈感，是來自隔壁店賞心悅目的香味。話說大巴窰店生意火爆，我店的右邊賣麵包，再隔一間是賣洗髮水。每一天，兩種不同香味，日夜向我「夾攻」，竟觸發我的靈感。

我開始時有一個想法，假如在店裡主打時裝，再配上香氣滿屋的洗浴用品，不就是更加完美的搭配嗎？到時，我有信心生意應該會更好，心動不如行動，於是我開始找尋貨源供應，落實這個想法。

兩個組合雙劍合璧，散發極大的吸引力；生意與產業的結合，更是天衣無縫；低利潤生的洗髮水可以帶動高利潤的時裝消售，加上和自置產業的結合是可行的生意模式。

1998年到2004年間，我一人包辦當買手重任。我的構思是，把衣服和洗浴用品的生意結合，通過兩大板塊的主力產品群組，讓myCK展翅高飛。

我對市場始終保持高度的敏銳。從小跑夜市的經歷，我的膽子變得很大，敢於冒險衝刺，往往奮力一衝，就改變了myCK的命運。大巴窰、勿洛、淡濱尼都生意興隆，會賺到錢，但卻賺不了大錢，我重新組合，衣服配搭洗浴用品/日用品，這是一個很好的組合。

黑人牙膏

從泰國平行入口的黑人牙膏，是我一舉成名，取得成功的第一步！因價格便宜，在市場上掀起一片搶購熱潮。幾十箱的黑人牙膏，一下子被搶

購一空。平行入口的嬰兒紙尿片、潘婷洗髮水，還有很多牌子的洗髮水，都是熱銷產品。

我在所有的分店，都採取時裝＋洗浴用品兩大支柱的策略。拿到牛車水旗艦店後，洗浴用品的銷量，更上一層樓，達到驚人的地步。

生意太好，導致同行一直投訴，說我賣得太便宜了。當初開始售賣洗浴用品，我是憑著一股橫衝直闖的冒險精神，從開始時的毫無頭緒，到後來一步步實現，從無到有建立起來的。

獅城之最

由於牛車水店是時髦女性時裝的大本營，顧客群也以女性居多，帶紅了女性衛生棉產品的銷量。進入千禧年，myCK牛車水，女性衛生棉的種類，應該是全新加坡最多的。

當時兩支裝的黑人牙膏賣4.9元，成本4.4元，我們以5角錢的賺頭大殺四方。外面一般賣6.2元，myCK的賣價至少比外面便宜兩成，利潤低卻能吸引大批的客流量，紙尿片也一箱箱地賣，很多牌子的洗髮水，只要廣告一打，全部要囤貨，以應付日以繼夜的人潮。

如虎添翼

我制定好了全盤的發展方向，我深知生意是可行。我需要更專業能人來協助我，物色好人才加入，讓myCK的業務更加壯大。

2004年，我說服了有豐富產品經驗的CJ陳泉然，加入了myCK。讓CJ專注洗浴用品。他的加盟，協助我整合，替我把貨源不斷地擴充，也讓myCK如虎添翼，也是洗浴用品／日用品大爆發的一年。

2011年我獲頒新加坡50家傑出企業獎

開始時，我只從中國與泰國平行入口進貨，貨源較少，充滿幹勁的 CJ 加入後，在他的協助下，洗浴和日用品，最高峰時擴充到 2 萬樣產品。時裝與洗浴用品，成為一個新的 CK 產品群組。

相輔相成

時裝是我們一路來的主力，我們到太平採購，下來結合洗浴用品/日用品，生意更好；過後我開始購買店鋪，把買下的店鋪改成 myCK 百貨，零售業與產業相輔相成，組成 myCK 持續發展的命脈。

如果我沒有深入到源頭，遠赴太平、廣州、義烏、潮州、泰國、印尼、馬來西亞、韓國採購，myCK 就不可能有真正的可支撐產品。好貨源帶來好生意，帶來好利潤；好生意給自己買的店付了好租金，這是一個良性循環，也是千禧年間，恰逢出現的好時機，被我把握住了。

新加坡商人，到太平大多做批發，像我一樣直接入口做零售的較罕見，我把握這個視窗，趁勢做了十多年，有了今天的成果。重要的是，你如何開啟自己的路。

過去我零散平行入口洗浴用品/日用品，並沒有周詳的規劃。自從 2001 年，我把業務擴充到牛車水 B1 地底層後，面對 2 萬方尺大偌大的面積，我必須以更有系統的方案，來擴展洗浴用品/日用品貨源。

早晚卸貨

牛車水旗艦店開張的前三個月，幾乎奠下了 myCK 的命脈。三個月來，我們做了幾百萬元的生意。

每一次在報章上打廣告，都造成一次的轟動。當中有一天，牛車水店來了11部貨車，一部接一部，從早到晚一直卸貨，直到晚上11時還在進行。整個辦公室，幾乎被一箱箱的黑人牙膏填滿。

店長麗雲當晚打電話通知我：「老闆，今天很遲，還在下貨，錢來不及算，我遲一點才向你報告。」

當時點貨還沒有採用掌上電腦，全用紙張手寫。夜幕低垂，員工一手拿著手電筒，一手點貨。當我聽到員工們半夜還沒有回家，立刻衝到現場看個究竟。貨還沒有卸完，目睹員工賣命到半夜的熱忱，我感恩他們的付出，這段經歷也告誡下一代，想成功就必須付出，並努力不懈地克服所有的難關。

我發達了

1998年10月，當我拿回牛車水旗艦店後，馬上投入做生意。過了兩年多，即2001年下旬，我雄心萬丈，再接再厲租下B1負一層。當時，我向建屋局申請，安裝一部電動扶梯，做法是敲一個洞，深入地底一層，把兩層樓銜接起來。

由於上下兩個單位是分開的，因此我得冒著不批准的風險，最終建屋局批准了我打通兩層樓，當時源哥到新加坡探望我，我高興到對他歡呼說：「我發達了！」

隨著電動扶梯的批准興建，我決定來一次與時間賽跑的全面大裝修。

裝修照開

大裝修前，店內必須清空，但為了服務顧客，我決定裝修期間，仍繼續開門做生意。我甚至拉起「裝修大減價」的布條，把掛滿時裝的晾衣

架，以及一些日用品，堆放在大門口，繼續讓顧客選購；到了晚上，我還得把貨圍起來，派人徹夜站崗守護貨品。

這次大裝修，讓 myCK 營業面積增大了很多。從此以後，就是不一樣的 CK 了。為了減低對顧客的不便，我決定與時間賽跑，僅僅花了七天時間，就完成了這次裝修工程，創下了不可思議的速度。

百人趕工

這是一場與時間的賽跑、猶如 F1 大賽比拼速度的競賽。我訂下一個大膽的目標——七天內將旗艦店裝修好。當時負責裝修工程的總承包商卓石吟 Steven 回憶說，這是不可能的事。最終，在 6800 方尺一樓的店鋪內，同時安排上百人施工並完成任務，確實是件「空前絕後」的事。

從原本耗時 40 天的工程「壓縮」到七天，緊張程度可想而知。我當時一心一意要儘快開門做生意，我充當裝修工程的總指揮，要求 Steven 與我配合，一起商量如何才能以最快的速度完工。Steven 後來一直強調，這項紀錄是有錢也買不到的。

牛車水大裝修期間仍未歇業，我在店大門口繼續做生意。

牛車水店大裝修後，新設的電動扶梯啟用，標榜 myCK 更上一層樓。

牛車水店裝修工程，百人同時開工，創下七天完工的紀錄。

時空「壓縮」

最初兩天是把舊地磚敲爛，漏夜把碎石搬走，再快速灌入水泥鋪上嶄新的花崗岩。當工人聽說要在兩天內完成敲磚任務時，無不異口同聲說做不到的！Steven 唯有拜託他們儘量配合。說也奇怪，工人們真的配合挨到半夜，馬不停蹄一直工作到凌晨三時多，所有工人都筋疲力盡。

Steven 隔天上午 8 時就回到現場繼續督工。清除舊地磚一般需要一個星期，我們竟然兩天就搞定了。工人完工後都很高興，有一種說不出的成就感。Steven 坦承，能同時找到 10 多人敲地磚的盛況已難以複製；換著今天，能有兩名工人替你幹活已偷樂了。

如同「戰場」

七天完工像打仗一樣！召集百人拼命趕工，必須要面面俱到、安排得好才能萬無一失。地板鋪花崗岩、裝天花板、冷氣系統、拉電線、都由不同組別的工人完成；若要加快工程速度，很容易會陷入混亂。工程的第四到第六天，是工人人數最密集的時段，最高峰時有超過百人同時工作，已到了人擠人的程度。每組都有一名組長，由 Steven 負責調度。我每天都告訴 Steven 按我的程序去安排，不夠人手盡量去張羅。

到了第三和第四天，所有的人全部到齊，包括：鋪磚、木工、油漆、天花板，拉電線和冷氣系統共六組人。為了節省時間，當地板才鋪到半途時，就即刻安排其他組入駐開工。工地人擠人、協調不好容易發生爭執，但七天來卻出奇地相安無事。相信大家內心都有一個共同信念：咬緊牙關衝刺幾天，義無反顧完成任務。

半夜鈴聲

我天天緊追不捨、確保每天所有組別的工程，都有足夠的人手在趕工。我總打電話給 Steven 問他：「今天做電的怎麼只來了兩個人，怎麼做呀？做天花板的怎麼沒有來？做冷氣的人呢？」有一回我催工追到半夜1時，Steven 告訴我工人手機全都關機了，半夜鈴聲令工人們沒齒難忘。我當時就是被這股熱忱所驅動，渾身上下充滿幹勁。我深信自己到今天仍保持著這種熱忱，不同的是，我的熱忱將不在生意上，而是繼續在慈善事業上發光發熱。

裝修工程進行到第三天，全場盡是「乒乒砰砰」吵雜的敲打聲，百人施工人擠人的場面，如今仍歷歷在目。那一代的工人都是老前輩，如今都已退休，很難再找到如此願意配合的工人了。

施工時間如此緊迫、品質卻沒有受到影響，原因是一路來 Steven 只找好手藝的工匠配合。他也源源不斷為工匠們提供穩定的工作，這種相互配合、相互關照的合作模式在關鍵時刻發揮了作用。記得兩名拉電線的員工半夜沒休息一直工作到天亮，這種拼搏精神，我到今天仍記憶猶新。

6800 尺這大工程，如果沒我大力催促，至少需要40天時間才能竣工。若換作今天面對人工短缺和晚上不能開工等條例的束縛，至少要拖上 2 個月也不足為奇。後來有朋友問我，你為什麼要這麼拼？為何每天跟時間賽跑？我告訴他們，為了賺錢呀！我們這種生意，速度快是非常重要的，快你就不會浪費租金，錢也賺得多。

我從 10 多歲開始，每周工作七天，凡事拼盡全力，為的是爭取時間多賺點錢。我在創業後的幾年裡，租約只有幾個月的臨時店鋪也照拿不誤，儘量爭取賺錢的機會。我希望拼搏精神永存，與我合作的人也會被我帶動，攀登一個接一個的高峰。

扭轉乾坤

94年5月的那封辭退信，成了我在絕望中的「救命草」；俗話說塞翁失馬焉知非福，對應了事態的發展，世事的微妙似乎早有安排與定數。破產的經歷，導致我無法順利獲得銀行的融資。2003年銀行批准了我購買第一間店的貸款，但第二間卻不批了，據說與我曾經破產的經歷有關，嚴重阻礙了我準備買店擴充的計劃。

我該如何擺脫借不到錢的困境？真令人一籌莫展呀！直到有一天，我和銀行時任執行總監黃子才午餐，得到黃總監的提醒，我在關鍵時刻，獲得銀行的第二筆購店貸款。

我們於1999年第一次見面。當時黃子才管轄15家銀行分行的業務。某天屬下一名分行經理，安排了一個飯局，黃總監第一次見到40歲出頭的我，對我留下了印象。善於察言觀色的黃子才，有他過人的眼光，這是他與生俱來的直覺。黃子才坦言與我交往後，瞭解到我的商業模式，表示更為折服，推測我的未來，會有更大的作為。

2003年，我剛脫離窮籍，就向銀行貸款買下生平第一間，位於紅山的店鋪。當我準備再接再厲購買第二間在裕廊的店鋪時，卻遇上了貸款不批的麻煩。我探聽到與自己曾經破產有關，不批是銀行最高決策層的決定。於是，我向黃子才訴苦，雙魚破產並不關我的事。黃總監建議我寫一封信，詳細解釋我破產的前因後果，強調雙魚失敗並不是我做錯事導致，然而呈上去的報告，仍舊石沉大海。我並不死心，我堅信銀行有朝一日會相信我，還我一個清白，雙魚的破產我是無辜的。

關鍵是，要怎麼證明呢？有一天，黃子才對我說，你好好想想，看看有什麼信件可以證明？我當時想，有關雙魚的信件，全是因破產要上法庭

的通知書，哪還有什麼其他信件呢？黃總監不斷提醒我再仔細想想，終於讓我想起94年5月我離開雙魚時，雙魚並沒有破產，而那封把我辭退的信件，恰好可以證明雙魚的破產和我沒有關係。

我欣喜若狂把這封信找了出來，抱著滿懷希望親自交給黃總監。我希望銀行決策人看了這封信後，能相信我的無辜，並重新考慮我的貸款申請。黃子才當時在業內頗具影響力，他在事件中發揮了關鍵作用。

他不只把信交給頂頭上司，還特地打電話給上司替我求情美言，說我為人正直正派、是一名值得信賴的人。過了一個星期左右，第二間店鋪400萬元的貸款終於批准了。自從銀行的貸款批准後，向其他銀行的貸款申請也順利多了，這讓我無障礙進入店鋪產業買賣鏈的快車道，開啟了發家致富的另一扇門。感謝大華銀行。

黃子才當時每天得見十幾組客戶，顧客多到有如過江之鯽，為何對我惺惺相惜，甚至在退休後仍同我保持聯繫呢？他坦言同是潮州人的鄉情，讓他對我另眼相看。黃子才形容說：「我們都是潮州人呀！CK做了很多慈善，有很多的貢獻，他的心地很好。他有一顆照顧弱勢群體的心。真誠的性格是騙不了人的，我因此對他留下特別深刻的印象。」

雙魚「變」CK

人的命運往往如此微妙，當你越想低調，麻煩就越是找上你。2004年7月9日《聯合早報》的一篇新聞報導，差一點讓我的努力功虧一簣，事件起因財經記者譚蕾的一篇報導。譚蕾加入報社前曾是雙魚職員，她在許希雄團隊中負責宣傳事務。myCK早在97年已創業，為何譚蕾選擇7年後才大篇幅報導雙魚「變」CK？

　　原來當時有產業界人士告訴譚蕾，我已頻頻出手購置產業，這觸發了譚蕾報導新聞的動機。由於我一直刻意保持低調，不願接受採訪，譚蕾於是把過去和現有的資料綜合一起撰寫，結果新聞發表後引起了很大的關注。根據當時公司註冊局的資料，myCK在全國已有13個銷售點。

　　譚蕾回憶説：「2014年我負責中小型企業寫了很多新聞稿，我寫的內容不是雙魚翻身，而是説洪振群重出江湖做這件事。」不料刊登時，標題卻引發了爭議。憑著敏鋭新聞嗅覺挖掘的獨家新聞，卻無意間對當事人造成傷害，這或許是譚蕾當初始料不及的。問題主要出現在標題，報章頭版報頭預告：「雙魚」翻身，內頁新聞更標出：「雙魚集團變CK百貨」的大字標題，當時對我頗具殺傷力。

　　譚蕾在報導中有提到，她雖多次嘗試，我仍堅持不願受訪。我當時只對她説：「做就好，講這麼多做什麼？以前雙魚就是講得太多，沒有人做，才有那樣的局面。」雖然我不願意正面受訪，但譚蕾仍根據市場的消息，報導我近期看準房地產市場進入低潮，不僅以數千萬

《聯合早報》報導的「雙魚」翻身新聞，
為我帶來了困擾。（SPH Media）

元購下牛車水的店面，更以500萬元購入裕廊西492，以及靠近地鐵站的義順848的兩個咖啡店，並準備將它改成 myCK 百貨商店。

目前是銀行從業員的譚蕾，如今深刻體會到，這則新聞對我的衝擊力有多大。雙魚雖已破產，但背後或仍有不少理不清的事，這可能還包括一些賬目、人事或其他事項還沒有搞清楚。myCK 的橫空出世，是否會令人聯想雙魚仍隱藏著某些東西？在敏感的商業社會裡，這些臆測都會對我造成極其不利的影響。

譚蕾回憶說：「作為一名財經記者，我事實上對破產者和銀行的條例不是非常清楚。我寫的只是表面的東西，我們所打的標題也不夠準確。現在我是銀行從業員，如今深刻瞭解到，這篇文其實是會牽涉到很多的問題。我能理解洪振群當時的感受，他請林清如律師約見我，向我表達他對此事的不滿，甚至考慮採取法律行動來解決這件事。」

譚蕾說：「恰好林律師也是我的讀者，他一直有關注我寫的東西。我記得當時寫了一篇 CDL（城市發展）老闆郭令裕的報導，內容有關『不要看財富看貢獻』之類主題的，林律師還給我寫了讀者觀感，鼓勵我多寫這類的報導。林律師就建議洪振群說，約我出來見一面，就不要直接發律師信了。

見了面之後，我才知道當中牽扯這麼多的曲折故事。其實這篇報導對洪振群的傷害挺大的。如今從銀行的角度來看，事實上雙魚與 CK 兩者是不同的，報導擾亂了他的寧靜，『雙魚』已死，CK 還在苦苦經營，這兩家公司一點關係都

不「打」不相識的前記者譚蕾

沒有……洪振群非常耐心地跟我解釋，所以當他向我說明一切時，我真的
是很內疚。我覺得做新聞總是從自己的角度出發，有時候並不知道背後的
故事。然而，已刊登出這麼大篇幅，反應又這麼激烈的新聞稿，不能寫一
則更正啟事了事吧？我建議另外寫一篇專訪，把事件交代清楚。」

「不打」不熟

「那是一個午後，天空正下著傾盆大雨。香格里拉酒店大堂異常寒
冷，兩人對視著，氣氛凝重。」譚蕾在當年的財經特稿中，寫了這麼一段
開場白。在當時很少會有記者寫這樣一篇感性的人物專訪，尤其是發表在
財經版。

之前根據表面的情況撰寫第一篇稿，讓譚蕾覺得非常對不起我。第二
篇稿〈請給我一個安靜療傷的機會——和CK百貨洪振群對話〉，則抱著
真誠的態度，去完成並帶出背後的真實故事，算是給了我一個交代。

譚蕾說：「在香格里拉那次的會面他流淚了，我也覺得很感動，因為
他很認真地訴說過往的辛苦。我覺得我是觸動了一個人的痛處，就是這樣
的感覺。我覺得他是一個非常善良的人，一個非常容易感動的人。我喜歡
和善良的人打交道。」

新聞事件總算圓滿告一段落。恰巧兩人有共同朋友——現代企業管理
協會會長鄭來發。協會每年都組織旅遊團，到南非、希臘等地旅遊。這些
旅程恰好我們都有報名參加，兩個多星期的旅程讓彼此有更多交流與認識
的機會，最後還成為了朋友。譚蕾感慨人的一生會遇到許多人，有些會成
為朋友，更多的只是過客。

大陸尋貨

雙魚起步時，我在臺北五分埔辦貨，成功讓業務起飛。到 myCK 創業，我把買貨的源頭，瞄準了有世界工廠之稱的中國大陸。

98 年底，我向報窮司申請出國做生意，獲批准後開始到中國。我先到香港、再入內地辦貨。我走遍太平、東莞、廣州、潮汕、義烏等地區，對我來說，這些地方都是陌生的，但貨品卻是充滿無限商機。

我熱愛旅遊、喜交朋友，習慣衝到最前線打頭陣的個性，對 myCK 的迅速發展奠下了穩固的基礎。

在那個年代，各零售店的生意都很好，想賺錢就必須把握時機。時間就是金錢，我要求大陸的供應商，儘快供貨給我。要落實這點，需要有交情，尤其是中國這麼一個講究人情和關係的社會。我深深感覺到，如果 myCK 要有更快、更大的發展，我必須親自到中國，找尋最佳的貨品源頭。

源哥相助

在我創業的頭幾年，大陸的經商環境相對複雜，源哥幫了我很大的忙，讓 myCK 在飛躍的鼎盛期裡一帆風順，我一直心存感激。我和源哥早在 1982 年雙魚年代已相識，我創業後他陪同我在中國找工廠，我負責買貨、他協助我收貨，幫我做好 QC 品質管理，發現貨不對辦時，他即刻與供應商據理力爭。當時用現款交易，我信得過他，交託給他大筆現金，由他幫我付款，辦妥一切把關的工作。這 20 年來，我們已建立起一個穩固和可靠的供應網路，買賣雙方已非常熟絡，合約只是法律上的手續。雙方經常口頭確定，完成交易後再補簽合約。

踏入虎門

有一天，我和源哥相約，結伴到廣東太平（即虎門）找貨源。虎門是歷史上一個響噹噹的名字，近200年前，林則徐就是在虎門銷鴉片。改革開放後，虎門已發展成一個流行服裝的集散地，號稱洋服一條街，是百貨商進貨的理想地點。

源哥曾在太平辦貨，我邀他陪我同行，對他來說駕輕就熟。當時太平的酒店，環境與設備都很差，飲食的條件也不好，但我們仍決意待上一個星期，並認真找尋貨源。我們親自找每一個供應商，如果我想訂這批貨，我會請他們按照我們的樣板修改，必須按照我們的要求去做。

誤認「韓紅」

葉珊燕是最早協助我到太平辦貨的助手，時間在2001年前後。她的主要工作是替我記錄，準備合約等文書工作。有趣的是，由於珊燕長得很像韓紅，不少供應商驚訝不已，會說「韓紅去了他們的店買貨」，搶著要去與她合照留念。

珊燕2001年第一次到太平。採購行程的標準作業是：凌晨4時抵達樟宜機場，乘搭6時的班機飛香港，再轉車抵達太平時，已是下午4時多。我們休息片刻，馬上開始接見供應商。

我們之前已聯絡好供應商，通知他們抵達的日期與時間，於是不同供應商，一早就齊聚龍泉國際酒店三樓等候我們。我們一抵步，馬上分批接見他們選貨，過程大致是：看樣板、選對供應商、選色、選款、修改、打版、再商確、選布料、報價，確認貨品無瑕疵，再下單大批訂購。

我卯足全力，馬不停蹄地採購，來自工廠的供應商，坐在外面排隊等

侯，並輪流進來。因為樣板很多，一天要看一、二百個時裝樣板，一個供應商需要幾個小時選貨看板。

我不能寄望仲介，而必須選擇有工廠和店面的合作夥伴。如果隨便找人合作，貨品做不出來，會讓我陷入危機。我必須把風險降到最低點，於是我費盡心思，找了幾家值得信賴的廠家，成為我們固定的供應商。

我們雙方按訂下的顏色、尺碼，完成採購協議，接著簽訂合約，交給源哥團隊處理。由於數量很大，我們選擇採用自家的品牌。如今myCK有十幾個自家註冊的商標。

到了晚上我會陪供應商吃飯，晚飯後繼續開工，經常得工作到午夜。這麼長時間的工作，勞累程度可想而知。

myCK在中國太平的採購團隊

數量龐大

myCK 經常一次過向廠商進口龐大的數量，我們在單價上才更有分量，才能向廠家要求更優惠的價格。myCK 有一款十支棉的女裝長褲，就是從太平進貨，賣得滿堂紅。

隔天我開始走市場，逛街買貨，採用的就是最原始的辦法──走路。從上午 8 時起，一直在人山人海的市場裡逛，我進入每一家店，仔細觀看版樣，珊燕則負責記錄。當我決定價格和款式後，當場下單。中午休息一回，下午繼續走，到晚餐時間吃飯，飯後繼續未完的工作。

很多時候，我只逛完上午的市場，剛吃完中午飯，到下午一兩點鐘，就感覺到昏昏沉沉，甚至連氣都喘不過來，回想起過去連番打擊，讓我心力交瘁。

當時的太平是一個地點優越，人才與物流的集散樞紐，貨物專門供應到東南亞、非洲與中東等地區。廣州則是一個全球化的市場，兩者定位不同。成批的廠家，都駐紮在太平，我經常在這裡逗留一個多星期。對我來說，太平是一個更容易獲取有關時裝最新訊息，也是取得卓越貨源的好地方。

蹲吃漢堡

太平尋貨告一段落後，我馬不停蹄，趕到廣州辦貨。我需要凌晨 5 點起床，搭第一趟大巴到廣州。我的目的地有兩個：廣州十三行[注1]、沙河商業一條街。兩個小時的車程，珊燕趁空檔小睡補充睡眠，準備好接下來的衝刺。

[注1] 廣州十三行：由多棟大廈組成，是中國聞名的女裝批發市場。

在大巴上，我忙著思考接下來的採購部署。到了廣州天河，密密麻麻的人潮，穿梭在行人天橋上，形成一道獨特的風景線。因為人潮太多，又沒地方坐下歇腳，為了趕時間，我們唯有蹲在路邊，吃麥當勞魚堡充饑。

當時的廣州，治安不如現在。有一次在買貨時，身後發生毆鬥事件。我分秒必爭要去選、挑貨，十三行是著名的批發中心，我除了向廠家訂貨，也親自到市場上，買一些最新的貨，包括女裝、T恤，要多樣化的產品，比例大概六成廠商，四成市場採購，這樣的一個組合。

廣州十三行是採購隊的重點

酷熱難耐

在廣州的第二天，我們去沙河商業一條街，記得當時到處都是陳舊的建築，屋頂也是非常古老的，有一年我們在沙河，氣溫竟高達40攝氏度，走到頭腦一片空白，真的是非常的炎熱。

廣州沙河商業街，提供的時裝也不遑多讓。

在陳舊的建築物內，頂著酷熱，長時間專注的選貨，感覺非常的辛苦。我分秒必爭，沒有一刻可以浪費，一直買買買，之後我還要坐車去中山，那裡是專門做牛仔褲的大本營，我們在中山工廠下單。

如果時間允許，我盡量安排同廣州的供應商見面。我乘搭末班車回返太平，有時趕不及，我們還得狂奔追車。當時湧現很多貨不對辦（貨物與樣品不符）的供應商，源哥扮演品質管理的角色，幫了很大的忙，我感恩他的協助。他幫我們量尺寸，檢查品質、顏色、尺碼、包裝、交貨時間、訂貨源、安排船期。他在貨物運輸前，扮演好把關的角色，貨不對他就原地幫我搞定，替我解決了不少問題，當時在中國訂貨環境，有很多不誠實的供應商，源哥扮演「包青天」角色就顯得非常重要。

中山之後，我們一行人再乘搭內陸班機去義烏，那是一個規模很大、一望無際、看不到盡頭的國際商貿城。我剛到義烏時，還是一個環境很差的商區，廁所還是相當落伍的那種，如今當然早已不可同日而語了。

培養買手

當一切都上軌道後，我在 2005 年把採購的重任，交給新加坡的採購員負責，建立一支採購團隊，是件刻不容緩的事。我計劃培養麗雲，接替這項重任。採購員團隊，我們稱他們為買手，都是 myCK 零售店的負責人。

他們最清楚什麼東西好賣，新加坡的顧客，有什麼要求，他們也瞭如指掌。有了買手協助，我可放心由他們去完成任務。

創業八年後，我首次把領導採購團的重任，逐步移交給麗雲。她16歲加入雙魚，與洪家有著源遠流長的淵源。80年代初，她第一個上班地點是在丹絨加東大廈，往後13年裡跑遍全國各角落，可說是洪家兵團的老臣

子。雙魚97年被司法管理後，麗雲在同年11月加入myCK。麗雲目前是公司負責零售的高層管理人員之一。

2005年，麗雲在牛車水當店長。當我邀請她協助到中國買貨，她第一個反應是：老闆，我不會呀。我鼓勵她說，不然你試試看。麗雲說，給她一年時間，如果不行，讓她回去牛車水。到了中國，我給了她一個計算機，並說了句：「麗雲，你來。」我自己就退居幕後，把採購的重任交給她。

行屍走肉

麗雲回憶起到廣州十三行買貨的情景，淚水不斷在眼眶打轉，她用「行屍走肉」[注2] 來形容整個過程，可想而知她當時的內心感受。因為你不懂哪一個檔口（商店、小販），才有你適合你的貨，你就是這樣一直走，緩慢的向前移動，到處一片人海。就這麼的人擠人，一直走，從二樓上到七樓，再從另一邊下來，能買多少就多少。之後，再到別一棟樓，繼續走，我們差不多走到中午，才有時間上廁所與吃午餐。

我一般去太平和廣州七天，有一半的時間，是用來走市場。工廠來的供應商，則在酒店客房下單，供應商是一個接一個的洽談，吃晚餐再繼續，晚上8時繼續見客戶，一直做到深夜12時或凌晨2時才收工，回返酒店沖涼。長時間的專注，非常的疲累。面對眾多顏色款式，到底要買什麼？不能亂買，必須具備短時間決定的決斷能力。

[注2] 行屍走肉：比喻會走動但沒有靈魂的軀體。

一年16趟

後期 myCK 增加一些部門時，需要買不同的貨。我們出國採購的最高紀錄，9個月內16趟。麗雲沒有讓我失望。過去 myCK 向來沒有賣鞋，她開拓了鞋子貨源。當生意達到飽和後，加強了男裝貨源，生意下降時，就增加了皮包。能調整價錢就加一點，否則就以較低的價錢薄利多銷。基本上靈活的根據市場需求，讓公司保持高營業額。

開始我只帶兩名買手到太平，到了2003年9月3日，我帶了五人組成的採購隊，採購了數量龐大的貨品。2004年採購量達到了最高峰，是創紀錄的一年。

事實上從2003到07年的採購數字都很接近，那幾年的生意超旺。直到2008年7月中國發布了匯率改革，加上同年美國引發的全球金融海嘯，經商環境一夜間改變了不少。

由於買手一年要多次到太平，為了趕時間，我向廠家借用麵包車。到最後，我索性在太平買了部7人車，方便買手辦貨的同時，也有利源哥到不同的地方收貨。

舉一反三

一元一件的女性底褲，曾經是 myCK 的搶手貨。我們一次過從太平訂了七萬打，這個樣版的底褲好賣，是因為品質好又便宜，是回饋顧客的一種手段。

精明的消費者，知道哪裡找好又便宜的貨。創造附加值，是myCK所向披靡、走向成功的策略。

　　譬如，我知道有一款一元內褲很暢銷，在新加坡可以銷1000打。我在採購時，多花一點本錢，告訴供應商，換成更好品質的布料，依舊賣一元一條，如此變一變提高品質，我的銷量可以達到7萬打的數目。

　　這是一種採購技巧，重點是靈活變通，給產品添加附加值，將貨品變得物超所值。我鼓勵買手舉一反三，把所有的採購，都遵循這個道理，讓我們的產品越來越好。

　　例如，我們代理的十支棉褲，尺寸、款式與裁剪都很好，經濟實惠的售價，結果暢銷20年。這就是我的專長，這也是myCK貨品一枝獨秀、歷久不衰的秘訣。

myCK各家分店，所到之處無不人潮洶湧，生意滔滔。

合作無間

　　阿娣專門做女性內衣褲，是我在太平最重要的供應商之一。我們在千禧年前後認識，第一次到阿娣的店，我就告訴她說，你用心做，給我們一個好的價錢，你以後會有大量的貨賣，我們下來三、五年還會繼續合作⋯⋯

　　當時，阿娣心想，我們有可能合作那麼長時間嗎？殊不知，一轉眼竟20多年過去了。阿娣最初通過馬來西亞商家，瞭解新加坡能賣些什麼貨。我當時和阿娣說，新、馬的天氣是一樣的，另外，我有言在先，我對欲購買的貨，有自己的要求，一些重要部分必須修改，這是myCK與眾不同之處；譬如內陸女性的肩膀較小，而新加坡女性的肩膀寬些，因此我一定要求內衣的肩帶必須加長，而不是盲目依從廠商的供貨。阿娣就是向我學到這個竅門。她坦言，當初對所供的貨並不講究，工廠怎麼出品，她就怎麼賣。

　　阿娣曾供應數量龐大、熱辣性感的丁字內褲給myCK。由於布質款式非常適合新加坡市場，因此銷量特別多。我於1998年到2005年，親自到太平採購，那是myCK業務最興旺的年代。對已約好看貨的供應商，我無論多麼疲累，看到半夜也堅持把樣板看完，絕不會中途而廢。我和源哥當時在買貨時，分工合作，一人看款式、一人選顏色，選完貨下單後，一般上已經很遲。過去太平的環境並不好，到了飯點時間，我們每次都去同一家紅燈籠茶餐廳吃飯，光顧久了與老闆都相熟了。在阿娣眼裡，我並不像一般的老闆。我的衣著、講話都很隨和，從不擺架子，就像平常人一樣。

無懼颱風

　　最令阿娣記憶深刻的是，有一次我遇上刮颱風照上飛機，在她眼中這是一件非常危險的事。那時我們剛認識不久。有一次，我們酒店客房，選貨到很遲，門外還有一名供應商在等待，我說不行今晚一定要選完，因為明天一大早，要到廣州搭飛機到義烏。阿娣說，她當時不敢對我說，只悄悄跟源哥講，你們就不要去了，你們知道刮颱風，是什麼意思嗎？當時政府已發出警報要大家注意防颱風了，連陸上的中巴已停止穿行服務，阿娣叫源哥勸我不要去。她很害怕，太危險了。

　　但源哥對阿娣說，新加坡沒貨賣了，坤哥已約了人，一定要去的！源哥後來打電話報平安：「阿娣，我們安全抵達啦！」全家人都很開心，終於放下心頭大石。阿娣一直認為新加坡人沒經歷過，因此低估了颱風帶來的威脅，不斷給我們善意的提醒。我感謝她的關懷，但當時為了剛起步的事業，我必須有為人所不為，能人所不能的精神，才能好好把握住實體零售業最後的黃金廿年。三年後爆發的沙斯病毒（SARS）危機，同樣體現了我這種「敢死隊」精神。

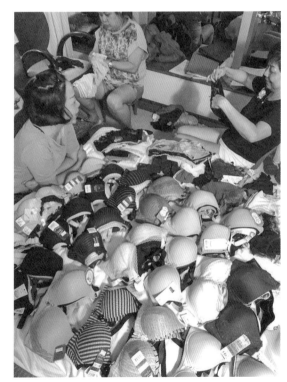

太平的採購隊在採購內衣，麗雲和阿娣（左）在酒店客房看樣版。

沙斯（SARS）驚魂

沙斯開始時，人心惶惶，我當時仍身在太平。2003 年三月底，香港淘大花園有大批居民感染沙斯，導致多人死亡事件上了頭條新聞後，事故越鬧越大，我當然害怕，趕快買了機票，匆匆回國。

當我一踏入機艙，赫然發現機上大部分的乘客，都戴上了口罩。我當時連口罩都沒準備，隱約感受到人們的害怕，一種如臨大敵的氛圍席捲而來，空氣瞬間變得凝固，這是我過去從未見過的恐懼畫面。

疫情照飛

回返新加坡三個星期後，我也不明白為什麼沙斯期間，新加坡的門市生意還這麼的好？貨都賣完了，該怎麼辦呢？我於是決定隻身一人飛回香港，再入太平和廣州辦貨，這是不入虎穴的賣命拼搏精神！

當時香港疫情正鬧得沸沸揚揚，源哥跟著我，他內心也是害怕的，萬一感染了病毒怎麼辦？但那時正是零售業興旺的大好時機，推動了我繼續勇往直前的決心。沙斯疫情在同年 9 月結束，期間我一共去了太平四次。在沙斯最高峰時，偌大的客機上，只剩下幾名乘客，但仍阻擋不住我辦貨的熱忱。

那時政府並沒有要求強制隔離。但為了家人的健康，每一次我回到新加坡後，自動到酒店隔離，一個人在房間孤伶伶的渡過了六天，以策安全。沙斯期間，我也繼續到泰國曼谷採購，拼搏的腳步，沒有一刻放緩。

沙斯期間很少東南亞商家，敢到香港和中國。阿娣當時問我：「你唔驚咩？」[註3]，當時馬來西亞的所有供應商都交代她，你把貨寄過來就好，當時沒有人願意冒險到中國選貨。

[註3] 你唔驚咩？廣東話，意思是你不怕嗎？

其實 2003 年正是零售店生意旺的年頭，不必親自到大本營選貨，一般貨品都非常暢銷的。但唯獨我不行，我沒有了貨，一定要親自過來挑選。阿娣説，她見到我真的來到太平，差點被我的我拚勁「嚇死」。當時她是非常的害怕，倒是我一直在安慰她説：「冇事嘅、冇事嘅！」[注4]。

我們新貨多，生意非常好。當時我確實把握住最後的黃金廿年。比較起剛過去的三年新冠疫情，生意受到嚴重影響，真的是此一時彼一時，完全不可同日而語。在網路時代的大背景下，實體店的輝煌已成歷史了。

作風正派

我辛苦選完貨後，沒有像其他人一樣去喝酒狂歡，我這種作風不只阿娣，所有的供應商都這麼説過。阿娣接觸了這麼多的客人，説我們是沒有要求到夜總會玩樂的。其他人買貨下完單後，一般會抽空到酒吧夜總會放鬆，喝酒狂歡，有些甚至吃搖頭丸。我們是屬於正派的，甚至沒有要求供應商請我們吃飯。20 多年來，我們一直默默耕耘，埋頭在客房裡選貨，與各個供應商聊天建立感情，認真把工作做好。

神奇小子

我「冒險」買貨的拚勁，正派的作風，給阿娣留下了深刻印象，背地裡給我起了個「神奇小子」的綽號。這麼多年來，阿娣工餘閒暇時，覺得我們很「安全」，也喜歡與我們一起交往，成為很好的朋友。

[注4] 冇事嘅，廣東話，意思沒事的。

做事認真、態度嚴肅的源哥，趕工時會發脾氣罵人，在貨物的把關上，對我有很大的幫助。這也是為什麼我 40 年來，對他不離不棄，感恩載德的原因。

誤認變態

有一次我趕去深圳赴約，匆忙離開太平，不巧還有一批新樣板來不及看，於是我請源哥幫忙。源哥當時也是要趕去深圳與我會合。

阿娣當時上了源哥從虎門到深圳的大巴。兩人為了節省時間，當場拿出一把尺，從一大袋樣板中，一個接一個取出不同的胸圍，測量肩帶的長度。如果長度不夠，得要求廠家加長。源哥還逐件拿起女裝底褲，測試彈性和檢查是否爆線。當時民風還相對保守，一男一女公然在公共巴士上的操作，結果竟引起誤會，其他乘客以為兩人拿著一堆胸圍、底褲來玩，還被一名乘客低吼：「變態！」

年輕的阿娣被人罵變態，當下覺得很不好意思，但為了完成工作，唯有硬著頭皮繼續下去。這個小插曲，可以勾勒出當時的各方人馬，為了貨源是多麼的盡責與賣命。myCK 的成功，絕非偶然，天時、地利、人和，缺一不可。

20 萬底褲

2001 和 02 年，阿娣每一次出貨就有幾百箱，大概 7 萬 2000 件內衣，裝滿了大半個貨櫃箱。源哥不明白為什麼 myCK 當時可以賣這麼多的女性內衣？

雖然數量驚人，但一下子就賣光。女性底褲款式更多，數量也更大。一次過來 20 萬條底褲，五花八門的款式，顏色也應有盡有。

蕾絲風潮

為什麼myCK的內衣褲賣得特別多？因我本身有特殊的經營策略，當中一些變通的竅門，例如風靡一時的蕾絲花邊內褲，就是一個典型例子。蕾絲內褲上的那朵玫瑰花，當時見到的人無不發出如此驚歎：「哇！這麼漂亮！」當供應商通知阿娣說，他們有大批這類花邊，我當場決定多多益善，全部掃光。

花邊是由大廠的紡織機紡織的布匹，準備出口到歐洲市場，因數量龐大，每次都有剩下一些剩布。大廠賺到錢後，便將這些剩下的蕾絲便宜賣給下游工廠。我通過阿娣全部包下，決定什麼褲型後，即刻請工廠開工做成內褲。

第一次來貨，數量高達一萬多打，即接近 20 萬件，這麼多的蕾絲底褲，怎麼賣得完呢？阿娣當時很擔心我賣不出去，但我卻胸有成竹。精明的阿娣也會選新加坡暢銷的褲型，來製造蕾絲底褲，成品比一般底褲更加美觀，價格卻比正品貨便宜很多，例如正品貨賣 3 元，myCK 只賣一元，便宜超過一半的價格，很容易引起轟動，銷量也就很快，你說能不搶手嗎？

第二批蕾絲底褲的數量也很多，阿娣依舊擔心，這一次還是各種各樣的花邊，沒有統一，褲型也分平角和三角兩種，結果是不久後又全部賣光。我交代阿娣替我留意，如果還有類似的剩布就通知我，結果我們連續很多年，每一次都被myCK全部包下。新加坡的同行無不議論紛紛，頻問

這麼貴的蕾絲底褲，myCK 到底是從什麼地方進的貨？可以賣如此便宜的價格，搞到阿娣不敢正面回答。

炒熱場子

如何把場子炒熱，是一門學問。簡單地説，若本錢六角，myCK 零售價只賣一元，賺四角錢就好。假設正貨的零售價是四到六元，如果我賣 2.9 元，也是一個很便宜價格，但不會引來人潮，對炒熱場子的作用很小。

因此，我的策略是，一件賣一元，顧客肯定會蜂擁而至；雖然只賺四角錢，但我可以把整個場炒熱起來！顧客來到我到店，一般會購買其他貨品，這是雙魚過去的成功模式，延續到myCK，我把它發揚光大。

廣結善緣

我每次到廣東的太平，都會循例廣邀各地供應商吃晚飯，見面敘舊。通常每家工廠派三名代表。雖然三年的疫情，阻隔了面對面的聚會，但我與供應商的深厚情誼，一直維繫到今天。

我也趁慶典活動的舉行，例如 myCK 十周年紀念晚宴，家有喜事，把國外的供應商老闆，邀請到新加坡來參與其盛。

曾經有一個最大的供應商，突然有一天不交貨給我們。我們收不到貨，於是問明緣由，原來他開始不信任我們。我們每次拿30多萬元的貨，他要求60萬元的按櫃金。我於是趁慶典的舉行，把這名老闆夫婦邀請到新加坡。當時有20多名供應商聚集一堂，他親眼見證myCK在新加坡的規模，往後再也無事發生，照舊是貨到了新加坡才付錢。這些信任，都是通過長年累月經營得來的。

我們堅守的原則是，吃飯應酬可以，但賬目往來的數字一定要清楚，做到分毫不差，因此20多年來從沒有發生過金錢上的矛盾。

充當「保姆」

千禧年伊始，是我最辛苦的幾年。我得親力親為辦貨，直到幾年後，我培養新人接班，逐步分擔我的採購工作，我開始退居幕後，把最前線的任務交託給買手。每次出國採購，我都隨團出訪，陪伴他們。我負責與供應商打交道，通過吃飯喝茶，進一步建立起互信。麗雲則帶買手團隊到前線打仗，馬不停蹄買貨，我則照顧他們的衣食住行，關注三餐溫飽，充當「保姆」角色。

麗雲有一次與助手到韓國買貨，頂著攝氏零度的低溫，在凌晨一、二點邊走邊買，感覺又冷又餓，突然之間我出現了，還攜帶三明治和熱牛奶，頓時讓兩人感覺到有人雪中送炭，溫暖的回憶，到今天還歷歷在目。

我擔心員工因工作忙碌挨餓，每次都會敦促他們吃飽方可開工，我與阿娣像老朋友一樣，經常相約在香港吃飯逛街，我也會同源哥的80多歲搭檔鍾叔做生日，大家感情如同家人般親密。

大陸的供應商對我的評價是，坤哥是最特別的一位。我的作風、品格和別人不一樣。我們向來循正派的路線交往，一般只是吃頓飯、喝個下午茶。

訂「阿嫂褲」

我千辛萬苦，從太平到潮州普寧，只為了安迪的兩條暢銷褲。暱稱「阿嫂褲」，在myCK非常暢銷，我不辭勞苦，專程乘搭公共交通，到潮

州下單。然而路面凹凸不平，大巴一直顛簸搖晃，到了潮州，我整個人暈乎乎，路程苦不堪言。然而，採購是我的使命，我會不惜一切代價，網羅對公司發展有利的產品，這就是myCK精神。

新春年貨

我於2000年，開始到義烏辦貨，日用品、鍋碗瓢盆等家居用品，小盒子、水壺、數量雖然沒有那麼多，但是由我首先跨出了第一步。我在義烏採購了幾年，才把棒子交給同事CJ接手。通常我從深圳坐飛機到義烏，有時也從新加坡直飛義烏。

浙江省義烏的小商品，可謂名滿天下。myCK每年春節的春節的年貨，年底的日曆，一次過可以做幾十萬元的生意。農曆新春佳節，我們到義烏訂的年貨，包括燈籠、紅包封套、日曆、新春對聯、塑膠年花，應有盡有。由於價格便宜，在新加坡非常暢銷。

義烏以商場面積大名聞遐邇，一眼看不到盡頭。每一層賣的東西，都不一樣，我們只去新春年貨的那一層訂貨。小盧是我們義烏最好的幫手。

旅遊犒賞

忙碌的採購結束後，我會犒賞同去的員工，安排去千島湖，或西湖遊玩，兩天盡情吃喝玩樂，有時我們會到澳門或香港散心，享受忙碌之後的悠閒。這激勵買手，積極努力儘快把工作做好，和睦關係像是一家人。我們也會同製作十字棉的廠家，到千湖島、丹霞山旅遊，在中國各地遊玩增廣見聞的同時，進一步培養與廠商的默契與互信。

泰國辦貨

泰國曼谷著名的成衣批發市場，是我其中一個辦貨的目的地，每次留4天，主要採購女性時裝。

曼谷Bobae市場[注5]是我的首選，其服裝質地與款式與中國的很不一樣。那是一個老舊的市場，密密麻麻的電線都暴露在外。市場像迷宮一樣，不熟悉的生客，很容易迷失方向。

我也到Pratunam（水門市場）[注6] 訂衣服，那裡的上班時間是早開早關，很早6點多開檔，傍晚5點就陸續收攤。入夜是遊客光顧的夜市場，所以我們必須集中火力在上午時段，分秒必爭去採購。

從義烏進口的新春年貨，大受消費者歡迎。

[注5] Bobae市場：母馬大嘩叻，又稱寶馬市場、波貝市場，是泰國曼谷邦巴沙都拍縣的成衣市場，兼營零售和批發。

[注6] 水門市場（Pratunam Market）：是曼谷著名的批發市場之一，也是泰國最大的時尚服裝批發市場之一。

　　那裡沒有廠家。我必須得親自到市場採購，一家一家走，邊走邊買，向不同攤檔各別訂購幾十到幾百打，視款式和品質而定。

晨昏顛倒

　　韓國採購，最特別的地方是晨昏顛倒。我們搭半夜的飛機，飛到韓國首爾，利用白天時間睡覺，入夜吃完晚餐後，9點多鐘開始，在東大門[注7]採購至天亮。

　　韓國的時裝，款式比較時髦前衛。韓劇獨領風騷，消費者會學習劇中人穿著，新的東西必須到首爾採購，我們在半夜一直不停的走，市場到處人山人海，都是到批發中心採購的生意人。

　　在韓國，主要是買女裝、襪子與搭配。襪子很特別，有凱蒂貓等可愛造型。首爾是用現金買貨，沒有電子支付，我們帶美金去兌換韓元，因此量比較少。

　　我們有運輸公司替我們收貨，運輸公司也是在半夜運作，有問題我們得在半夜與他們溝通。東大門有好多棟大樓。我們得逛每一棟樓，一攤接一攤非常仔細的看。不同樓層賣不一樣的貨品，一棟樓差不多要花4、5個小時，才能看完。通常我們走到最後，巡視了三棟樓，已是清晨6、7點鐘了。

[注7] 東大門市場：東大門是聞名全球的時尚購物天堂。是韓國首爾市的一個傳統市場，以衣服批發為主。

人參雞湯

我白天會去買食物，讓買手吃完了再睡。半夜很冷，時間也很趕，一般上採購快結束時，我會先買點東西給她們吃暖胃，再回酒店，等她們中午睡醒時，我就買好午餐給她們吃，吃完了又再睡，傍晚六點我們再一起用晚餐。晚餐後，我們到處走動，約十點鐘我們開始去市場採購，順利完成三天的行程。一切辦妥後，我會犒賞大家的辛勞，明洞的人參雞，經常是我們光顧的不二選擇。

首爾明洞的人參雞湯

購買商店

當賺到錢後，我開始買產業。在高峰時，律師樓和會計樓一再提醒我，不可再買了，因為我買得太多、太快了。但我當時的直覺是，那是一個買產業的良機；我購買的店屋，和我的賺錢零售相輔相成，是雙贏的策略。

「註定」買店

我是在一個偶然的機會裡，無意間開啟了買賣店鋪這扇投資大門。我的一名朋友，遇到經濟上的困難，急於脫售位於紅山的店鋪，當時的租戶是家麵包店。

話說 2003 年的某一天，正值沙斯病毒肆虐的高峰期，產業市場低迷。這名朋友突然來找我，說他遇到了經濟困難，急需一筆錢應急，想把紅山的店鋪變賣。

這是一個難得購買產業的良機。myCK 雖創辦了五年，我也賺了些錢，但當時的我，對購買店屋地產，卻毫無概念。於是，我毅然回復朋友說：我不想買店！

我當時只想租店，穩穩當當做生意就好。但當我婉拒朋友的請求後，他卻鍥而不捨，多次來勸我，希望我能改變初衷，幫他渡過難關，他甚至願意以較便宜的售價來打動我。

「三頭賺」

後來朋友們都說，我買產業是天註定的，如今回想起來，不無道理。當時朋友要價 180 萬元，把紅山店賣給我，開始時原本毫無興趣的我，被朋友連番勸說後，我逐漸留意起產業市場的走向。

經過一番慎重思考，我決定不妨一試，就當幫朋友一個忙。我把手頭上的存款押下，加上銀行的貸款，在沒有殺價的情況下，我向朋友買下生平第一間店鋪。

我接手紅山店，把麵包店改成賣百貨，生意超旺。我所省下的租金，加上產業的增值，加上零售的盈餘簡直就是一筆「三頭賺」的投資。當時我估計四、五年就能回本了，下來還有 70 年的使用權，買店真的很划算呀！

時機就是如此微妙，是這名朋友啟發了我，也鼓舞了我繼續購買第二間店的決心。但在我想買第二間店鋪時，卻遇到了麻煩。銀行不肯再借錢給我了，怎麼辦呢？直到上回提到的「辭退信」替我解了圍，這一切，似乎冥冥中有定數。

財富鑰匙

購置產業，起初對我來説是陌生的，但卻是我開啟財富的另一把鑰匙。繼紅山後，我開始在裕廊、高文、義順、淡濱尼等遍佈全島買店，並大多改成myCK百貨商店，從此以後，我不再擔心業主起租金。我當時的設想是，賺到的錢，若沒有好好發揮，是非常可惜的。我整個思路是清晰的。買了第一間紅山店後，非常成功，我很開心，不管三七二十一，再接再厲不斷買，有不少人提醒我，萬一遇到經濟危機，導致破產怎麼辦？我回應説，我不是已經歷過破產了嗎？再來一次還是可以應對的，你不入虎穴、焉得虎子？你沒有冒險精神，怎麼會有回報？

頻買產業

從那時開始，我非常專注店鋪的買賣，再也沒有停下購買店鋪的步伐。在最高峰時期，律師都善意提醒我，勸我不要再買了。我最高峰買過40間產業。

在我創業後的幾年，有一次與源哥聊天。我告訴他，雖然現在的門市生意很好，但我不是賣貨這麼簡單，我的策略是買賣店鋪。那時我已購買了四個店鋪，在源哥看來，我似乎已有全盤計劃，配合生意規模逐步擴大，必須買下更多的店鋪。

在 myCK 最旺熱時，我曾在香港，足足打了三個小時的長途電話，與新加坡的房產經紀討論買店的事，須知當時的長途電話還不是免費的哦，這個畫面足以讓源哥印象深刻，記憶猶新。

我當時的計劃是，短時間發展到10多間店鋪的規模。我告訴源哥，買店鋪的好處是保值。買貴自己用的沒問題，是很穩當的投資。

　　我在拿下牛車水店不久後，又在對面的珍珠坊買了一間 7200 尺的大店，一樣經營百貨。兩個店鋪的位置如此靠近，很多人不明白，這麼靠近行得通嗎？一般人的論點是：牛車水已有一間店了，越過一條街，又賣同樣的東西，豈不是自己打自己？

　　我解釋說，現在店鋪的價格便宜，我就買了。如果生意做不來，我可以轉租給別人收租。倘若產業市值升了，我還有很多計劃。

三快模式

　　2003 年至 2015 年，是 myCK 買店的一個高峰！當時我們進入了開店快、裝修快、排貨快的三快模式。當時三個星期，就有一間店開張。高文店在 3 月份開張，我馬上又買下馬西嶺、裕廊西、義順，店鋪同樣馬不停

第一間自購店，myCK 紅山店開幕盛況。

蹄裝修，竣工後馬上排貨開門做生意。基本上從拿店、裝修到排貨，只花10天左右時間，一刻也不怠慢。

　　我認為，當時是一個買店時機，我用最快的速度買店。員工們緊隨我的步伐，跟得很喘。那一年基本上每天都在忙，我買的店，基本上都是服裝、日用品／洗浴用品兩大配搭，這個組合也是確保CK的賺錢生意模式。

買店竅門

　　店買多了，我找到了一個規律，每名業主，都是待價而沽，希望賣最高的市場價。於是，我一般出比市場高的買價，這個方法很管用，讓業主更快作出決定，把產業出售。我把買價推高一點，這樣子就不必拖拖拉拉，我不是更快買到了嗎？

　　2003年沙斯疫情，是一個買產業的關鍵開始，我經常會遇到一種狀況，明明雙方説好500萬成交，卻在最後的簽署轉讓時，業主臨時要求多加20萬。一般上，我會按要求滿足對方，完成這筆交易。

　　外界因此有種説法，我買的店都是「貴貨」。的確，貴沒關係，重要是地點要好。2004年，我買下裕廊西咖啡店，改成myCK百貨，就是一個例子。市價是450萬，我卻以500萬元成交。

　　與我一同看店的同事，一直替我擔心。他認為這麼貴，整間店看起來黑漆漆的，周圍又沒有人潮，不知道這筆交易值得嗎？接手後，不知道會有生意嗎？我當時的買價，確實是偏高。不過，事實上我是胸有成竹的。

　　我這種出較高價的做法，一傳十十傳百，房屋經紀一有好地點的店鋪要出讓，總會第一時間通知我。

購買總部

2010 年，我決定在淡濱尼，以 1500 萬新元，購置貨倉總部大樓。當時我們的貨倉，分散在烏美兩棟建築的多個單位裡。總部大樓的前身，地面層是一家計程車公司的總部，還有其他的租戶。

當時，我剛賣掉了珍珠坊的店鋪，取得一筆資金，用來購置總部大樓，並在義順、宏茂橋、烏節路的幸運購物中心等地多買了五間產業。

淡濱尼總部大樓物流團隊

數位改革

2007 年，myCK 耗資上百萬元，開展電腦化數位改革，主要目標是將過去的傳真，改成以PDA掌上電腦操作系統，大大提高了物流的生產力。

過去每一間分店，要求補貨時，需每天打單，通過手寫傳真，不同的字體，有時潦草難辨，出錯率高，浪費時間，經常來不及出貨，物流運作像打仗一般。

除此，熟悉貨品擺放的員工，若請病假，他人不懂貨物放置何處，大大拖慢了出貨的速度。這給規模擴大後的公司運作，帶來了極大的挑戰。

一些年紀較大的員工，積極樂於配合。部門主管須手把手，一對一教員工如何使用掌上電腦，把原先手寫的繁瑣程序系統化。通過電腦傳送資訊，貨倉也開始系統化，出貨也比過去更有效率了。

招牌演變

在政府資助的品牌重塑計劃下，名牌專家為myCK重新設計了招牌。myCK 創辦的27年來，招牌也改了很多次，從藍色橙色，改成紅白的 CK，到如今的彩色 myCK，見證了公司不同的發展階段。

招牌的變化，見證了 myCK 的發展里程碑。

東瀛和風

設計師也為門市店，首次融入了日本和風的設計風格。門面裝潢典雅、內部佈置擺設井然有序，煥然一新，讓顧客在更愉悅的環境中購物。

myCK也更注重員工的康樂與福利。例如舉行周年慶晚宴，辦團建活動等，目的是培養起員工之間更強的凝聚力，同時塑造myCK的企業文化。一大班負責零售的店長，與總部各部門行政員工，包括我積極參與，打成一片；麻六甲、迪沙魯、峇淡島等度假設施，是團隊建設的熱門點。

新春團拜，財神爺來祝福。

公司企業文化，員工之間有如家人般密切。

保齡球場上，培養員工們的合作與默契。

寫上BOSS的生日蛋糕，員工為我慶生。

myCK十周年晚宴大團圓

企業文化

　　2012年舉行的myCK 15周年慶祝晚宴，當晚高潮迭起的節目安排、充滿溫馨與歡樂的場面，如今仍歷歷在目。晚宴在醉花林舉行，幸運抽獎極為誘人。當晚我還臨時宣布，再額外拿出兩萬元，分成十份，再次抽獎，頓時把慶典的歡樂氛圍推向極致。

　　當大獎抽完了，我也非常的開心，上臺與員工們一起跳舞。喜歡跳快舞的我，帶頭領跳當時紅級一時的Gangnam Style（騎馬舞），全場氣氛頓時嗨翻天！員工都非常開心，每個人都滿載而歸，帶著愉快的心情回家。這是myCK員工們努力付出後，值得開心、享受成功，伴隨歡樂的時刻。

我生日當天公司員工集體簽名獻上祝福

臺上跳風靡一時的
「騎馬舞」

回憶起往事，處處充滿快樂，同事們像家人般在一起，這就是myCK精神。

結語

我從破產的深淵中，開啟了創業之路。我學習中庸之道，驀然回首，開悟自己所做的每一項決定，跨越的每一道山河，收穫的每一個教訓，都成就了我的人生。

會賺錢的人有實力，能留的住財富的人，才是真正的智者。將屆古稀之年的我，從不以消極之心來面對人生。我把員工當成是我的恩人，若他們有事，我必定全力以赴協助他們。

在世時做得最好，把最好的留下來，提醒人不要犯錯，要自愛，不能迷信，把不好的情緒化成正能量，這就是我寫這本書的精神。

公司周年慶大合照

靜心晨語

學會承受，也要學會釋懷。

　　我熱愛攝影。通過鏡頭記錄瞬間，定格歲月留下的痕跡。照片要拍得好，取景的角度至為關鍵。攝影靈感源自於生活，我嘗試通過照片的構圖和布局，告訴朋友和身邊人我的所思所想。

　　我希望給人一種美的視覺衝擊，看似信手拈來的靈感，卻往往蘊含我思故我在的人生哲理。畫家林祿在是我攝影作品的認同者。過去幾年我們總在忙碌中相互問候，我把較為滿意的作品傳送給他。每當他有所感動時，總會在百忙中抽空評論。他以專業的角度評析我的作品，他喜歡我照片中的意境和構圖。

我和女兒到柬埔寨貧困鄉村學校，為當地學童派送生活用品，也帶來了溫暖與慰問。

朋友互動

同遊攝影是件好玩的事。我經常在旅途上替朋友拍照，把它當成與朋友交流的一種方式。銀行從業員譚蕾是當中一人。我們有共同的攝影愛好，在旅途上互拍切磋。每當朋友說：CK，你拍的照片很美呀！我就感到非常開心。剛拍時構圖並不完美，我悄悄地自學、努力探索美的角度。我曾使用自動的佳能 Canon 相機，它容易操作讓我得心應手；徠卡 Leica 相機則讓我在聚焦時面對一些困難。我嘗試學習操作，但又不想涉及過於複雜的程序，近年來用智能手機就方便多了。

林祿在一直都在鼓勵我踏上攝影的征途，說我擁有一種特別的洞察力，常在旅途中顯露無遺。每個人看東西的角度都不一樣，在我的內心裡，我有自己的想法與追求。他說我取景的角度很接地氣，意思是跟群眾走到一塊，這一點我認同。藝術本身就是通過觀察，把美的意境表達出來。其實美就在身旁、就在生活的周邊。我一直都在觀察美、發現美，並把它記錄下來。

天地感悟

我的照片可能會給人一種獨特的構圖，發現許多大家並沒有留意到的細節。如果沒有人生的歷練，我恐怕無法拍出具有深層含義的作品。當我感覺眼前的構圖很美，我幾乎不必使用什麼特別的技巧，只需跟隨內心所蘊含的敬天地哲理按下快門。

帶著這種純粹、對大自然的敬畏與感悟，我無論到了哪個國家，只要眼前的畫面對我有所感動，我就毫不猶豫地舉起相機按下快門；是一種感

覺，一份情。情是藝術的生命。若作品中少了情，就失去了生命力，若看過後不能留下印象，如何去打動人呢？

　　藝術妙不可言。當你用心看待一樣東西，彼此會有所感應。它會與你對話，對此我也有一番體會。人是渺小和脆弱的，人死三次樹還在。我會刻意捕捉一個小小的人影，襯托出周遭大自然的宏偉，傳達出敬畏天地的寓意。當我被眼前的那一霎那所震撼時，我會耐心地等人群散去後才舉起相機，有時還刻意等幾個人走過的瞬間，捕捉最完美角度的構圖，為的就是體現出敬天地的美感。

翠竹林徑，日本大阪巡禮。

富正能量

　　正能量驅使我一直通過攝影來追求自己喜歡的人與物。林祿在說這是我骨子裡對藝術的感悟，生活得到了昇華，這可能就是藝術家眼中的審美。攝影作品傳遞了正能量，能給人帶來感動。旅途上氣勢磅礡的山川景色，我的作品給人一種另類的靈感。攝影其實與繪畫等藝術形式相通，即是把最美的、最有意境的傳播開去，治癒人心。

我能拍出令人滿意的照片，畫家說是因我懂得去發現了美；而美需要傳播，讓更多人感受到。攝影雖是我的業餘愛好，卻也讓我拍出了滿意的作品。攝影家只是一個稱號，業餘與專業的攝影愛好者都是相通的，業餘攝影愛好者若用心亦能屢有佳作。

林祿在從我的作品中，可以感受到我的慈悲胸懷。遇到社會上不公的一面，譬如把鏡頭對準路邊乞討的老人家，捕捉在生活線上掙扎的底層人民；在畫家眼中，我是反映我內在的慈悲之心。

源於生活

藝術扎根於生活，沒有生活哪來的藝術？美都在身邊，當發現後你會感覺生活更加多姿多彩，也更能體會人世間的喜怒哀樂。看到別人的不好，也會反映到自己的內心——我怎麼去幫他？有沒有能力去幫他？即使沒有能力，我們也可通過照片告誡人客觀存在的事實。通過發起慈悲心去幫助別人，這些都是正能量的傳播。

天真爛漫，知足常樂的緬甸小孩。

當初大哥若把600萬元還給我，就沒有今天的myCK了，上蒼似乎在多方面考驗我。如果沒有了考驗，就沒有今天的我。我所遇到的多是貴人，無論是出書或是辦攝影展，從深入挖掘採訪、資深編輯把關、編務團隊專業的排版設計，把CK方方面面的精彩故事串聯一起讓人閱讀。我手機裡積累的成千上萬張照片經人細心篩選，得到大家毫無保留的支持與協助，是正能量發揮了作用。

三本相冊

因為喜歡攝影，過去我共編撰了三本相冊，包括：《夢想之旅－南美洲》、《感恩六十》，以及《許文遠部長相冊集》。

這些相冊問世前，事前並沒有腹稿，全是水到渠成之作。我遠赴萬里之外的南美洲，原定足跡踏遍巴西、阿根廷、秘魯、智利，不巧遇上地震，智利站不得不臨時取消。但沿途鬼斧神工的大自然景色，以及當地獨特的風土民情，早已令我歎為觀止、流連忘返。

我用心觀察四周，常常能留意到旁人所忽略的瑰寶。我隨身攜帶的Canon EOS 5D相機，倘若燈光合宜，往往能拍出令人滿意的專業效果。這18天旅程裡，基督山的神聖、巴西嘉年華的激情、阿根廷探戈的

灑脫、科帕卡巴納海灘壯麗的夕陽……我差不多把人間最美的人與物，全收錄在鏡頭中。

眼前世界第二大河亞馬遜河，再也不是學校課本上的讀物。目睹體積龐大、宛如史前物種的巨骨舌魚，連天上雲朵都能變幻出酷似龍捲風的造型；氣勢磅礴伊瓜蘇瀑布「魔鬼喉」的洶湧澎湃，探索地表的未知，一切原始的驚喜，像巨浪一波接一波向我襲來。

我一直相信「鏡頭會說話」，尤其到了如此遙遠的地方，更讓我如獲至寶。不斷按下快門，南美之行讓我成就了6000張夢幻照片。南美洲的人文景色確實與眾不同。回國後，我浮現製作相冊的念頭，把令人震撼的美景化作永恆。經過幾個月的努力，《夢想之旅－南美洲》終於與大家見面了。

配合59歲生日，我另外編撰《感恩六十》相冊。除了收錄多個國家旅遊美景與珍貴回憶外，也把親情和友情，通過鏡頭完美與翔實地記錄了下來。我喜歡觀察、熱愛攝影。我希望接下來的日子裡，通過鏡頭，繼續創造驚喜無限。

東埔寨海天一色

印象墨爾本

世界三大嘉年華之一——巴西里約熱內盧嘉年華。狂歡節以參加森巴舞大賽演員人數之多，服裝之華麗，持續時間之長久，場面之壯觀，皆為世界之最。

羅馬尼亞雪景

北海道札幌即景

濱海灣花園

我的伯樂

　　我是一名攝影愛好者。我從未想過，自己有朝一日能成為攝影藝術家。多少年來，我去到哪、拍到哪，經常能捕捉到人們所忽略的細節，這讓我的照片顯得與眾不同；看似平凡的風景，卻往往多了一層深度與意境。

　　多年來，我一直同林祿在老師分享我的攝影作品。他總會發來真切的評語，告訴我，某張照片的構圖很美，某張又是如何取材自生活，如何的接地氣。他認為我是一名有天賦和有激情的攝影愛好者，有了老師的肯定，使我對自己的作品越來越有信心。

　　我翻越千山萬水，把世界各角落的美好，都記錄在鏡頭中。當你來觀賞攝影畫展時，或許你會聯想到，當自己老了，是否也能像我一樣，沐浴在那清新的空氣裡，與我一同享受那美好的大自然？我的每一張照片，都充滿正能量，秉持一顆簡單純潔之心，傳達人類追求美好的本質。

融為一體

　　開始時，我仍沒有足夠信心開攝影展。直到最後，老師給了我保證。它不僅僅是一個攝影展，而是一個攝影畫展。什麼意思呢？原來當中，另有玄機。在2024年4月20日舉行的攝影畫展中，有60幅攝影作品，融入了老師的水墨畫或書法。其動人的地方是，很多人根本分不出，哪裡是攝影？哪裡是繪畫？它儼然已融為一體了。

　　藝術之美，奇妙之極。林老師以他獨到的藝術眼光，挑選出200張充滿美感的照片再創作。我由衷感謝林老師發現了我，他是我的伯樂。每當我凝視老師濃墨重彩的畫龍點睛，一股莫名的感動油然而生。其構圖優

美，令人神往。我非常滿意最終呈現出來的效果，並期望今後能繼續辦這類有意義的攝影畫展。

《創意無限》

這個結合了攝影和繪畫的展覽，我們命名為《創意無限》。我的攝影風格，配上老師的字畫，獨樹一幟，這叫創意，也同九年前林老師與已故企業家郭令裕的合作截然不同，因我們的攝影風格完全不一樣。

遴選工作是一項大工程。我從過去十多年來，拍攝的十多萬張照片中，選出了3500張，包括風景、人物、人文等多方面素材的作品，老師再精選出當中的300張，真正展出200張照片。

增正能量

老師最終將入選的200張照片中，選出了60張，由他盡情發揮，加工再創作。老師經常得凝視我的照片良久，靈感來了，才能將其標示性的水墨畫，或是書法藝術，融入到我的攝影作品之中。再創作的過程花費了老師很多時間，有時他一整天也沒有靈感，一味坐著，不停地思考。該畫什麼？寫什麼？有感覺時才能下筆，且必須與照片的意境相互切合。

老師通過水墨畫、書法，或字畫並茂，揮灑出「創意無限」的結晶。重要的是，老師會在我的攝影作品中，添增正能量；無論是加入了繪畫，或是書法，或畫與字，都能感動人心，是一次又一次天衣無縫的完美結合與邂逅。

　　通過這次的攝影畫展，正能量將圓滿地傳播出去，讓所有的作品，都能被人欣賞並收藏；大德買下我的作品，掛在各自的辦公室、或住家裡，能吸引旁人仔細欣賞，感受善與美帶來的喜悅。今天能通過攝影畫展回饋社會，我滿心歡喜。我衷心希望我的攝影作品，今後能繼續成為行善的載體之一。

　　配合新書發布會，為期六天的《創意無限》攝影畫展，同步在新加坡華族文化中心舉行。所有裝裱展出的攝影畫作，皆用作慈善籌款，已籌到160萬元義款。所籌到的款項，50萬元捐作總統慈善基金，另外50萬元則捐給慈濟慈善事業基金會（新加坡），10萬元捐給眾弘福利協會，10萬元捐給Safe Place及南華潮劇社。

常喜
知足
惜福
感恩

振群
祿在
合作

洪振群

笑看風雲行善路

199

第六章 戲如人生話攝影

春江水暖鴨先知
振群 祿左 合作 妙主軒

櫻花
盛開中
微笑
怒放出
靜生命
寧美
又命
靜美
而
和
魚
里
水
游游
來游
去
像是
一片
落葉
悠游
自在的
游着
振翩
合飛
作

洪振群

笑看風雲行善路

第七章 三番兩次火神來

2016 年的鬼月，遇上了火神。農曆七月十五，傳說中鬼門關大開的兩周後，一把無情火悄然而至，把公司總部大樓燒個片甲不留。這場轟動全國的大火，各大媒體的新聞報導記憶猶新，燒掉「一半」的總部貨倉大樓，也讓我的心徹底碎了！通過這本書，我想帶大家走入火場的背後，感受盡忠職守的員工，如何奮不顧身維護公司利益的同時，充分發揮守望相助的互愛精神；對建築毫無經驗的我，又如何在短短10個月，完成大樓「浴火重生」的重任。

一般人的印象是myCK被大火燒了兩次。但事實上，仍有一次我們被發生大火的巴剎[注1]波及，損失同樣慘重。也就是說，myCK被火神光顧了三次。前後兩次是直接燒毀，中間那次是遭到池魚之殃，順序是：

一、2016年8月17日：淡濱尼92街總部大火，直接被燒毀，損失2000萬元；

二、2016年10月11日：裕廊西41街第493座巴剎火燒，兩年內嚴重波及毗鄰商店生意，myCK分店的營業影響嚴重；

三、2019年7月5日：宏茂橋6道第720座分店，直接被燒毀。連續三年接連火劫，讓公司難以承受的損失，也讓員工的精神受到創傷。

經常有人問我：「三番兩次被火燒，你是如何挺過來的？」我想，這本書書名的意境——笑看風雲，或許可以貼切回答這個問題吧。

前世今生

首先帶大家認識myCK總部大樓誕生的前世今生。創業後我在烏美有十多個小單位貨倉，由於地點分散，造成物流與管理的不暢通，於是我決定買一幢行政與貨倉兩用的大樓，將全部小貨倉搬過來，集中管理的同時也易於往後的發展。

位於淡濱尼92街的大樓，原本是一個運營中的工廠。被我物色到後，很快就以1500萬元買下。工廠隨後撤出，規劃是一到二樓是行政大樓，三到六樓是貨倉。裝修完工後，我們於2011年入駐，並邀請時任國家發展部長許文遠先生主持開幕儀式。

[注1] 巴剎：菜市場。

壹：火起

日期：2016年8月17日

時間：下午1時30分

地點：淡濱尼92街

　　這是一個平凡的星期三下午。每逢週三這一天，我總會安排免費午餐讓全體公司員工享用。當天大部分人都留在總部大樓內。到了下午一點半左右，防火警鈴突然大作。守衛即刻前往檢查，如果沒啥事，很快就會恢復平靜。

　　然而，這次的氣氛卻令人感到詭異，鈴聲一直沒有中斷，絲絲不安的情緒湧上心頭。戶外的叉車駕駛大叔，神情慌張地用手指指向大樓上端，只見4樓的一個通風口，開始冒出滾滾黑煙！同事感覺到事態的嚴重性，即刻回返辦公室通知大家發生了火患，呼籲大家馬上疏散！

　　緊急撥電通知民防後，一名高級職員旋即跑上4樓查看，當時電梯已自動暫停運作，只能拾級而上。當他拉開拉門的那一霎那，濃濃黑煙迎面撲來，根本無法進入，若不小心吸入黑煙可能會導致窒息。職員立馬將門重新關上，飛速跑回辦公室通報。全體員工疏散到安全地點集合，等待民防部隊的到來。

迅速蔓延

　　當時多數員工集中在一、二樓，吃完午飯後正在休息。大廈內約有90名員工，除了40名辦公室職員，其餘50人分散在4到6樓的貨倉。大樓的

火警系統廣播，不斷通知身在4樓以上的員工馬上撤離。最終我們高聲吶喊，以最原始的呼叫方式，提醒午睡的員工趕快撤離。當時外部的審計師也正在總部進行審計工作，有些人還是第一次到這幢大樓，卻也目睹了這場浩劫的發生。

正在對面咖啡店吃飯的同事，由於望得到大樓冒出黑煙，上氣不接下氣地跑了回來。此起彼落的吶喊聲，頓時令人精神緊繃；大家壓抑著緊張的情緒，有條不紊地疏散到地面層。我們向來認真對待常年防火演習，此刻發揮了正面的作用，當真正發生火患時，員工熟悉如何有秩序地疏散。民防部隊抵達後，負責同事就向民防官員報告員工集合的數目。大家配合得很好，點名時所有的員工也在場，確保沒有人滯留在火場內。這次大火沒有任何傷亡事故，可說是不幸中之大幸。

整條街道被封鎖了！全副武裝的民防人員迅速佈置好裝備，一場雷厲滅火奮戰登場。我們也急忙叫人將樓下的車輛全部移走。全體員工站在大樓對面的修車廠，火場近在咫尺，大家面面相覷，眼巴巴望著火舌狂吐，焦急的神情盡寫臉上，就像一名與父母失散的三歲小孩，無助地站在熙來人往的街頭上……

架起雲梯，水柱狂射。民防人員正傾全力與火神搏鬥。

阿彬通報

總部大樓起火當天，第一個打電話通知我的，是我的好友張學彬。阿彬當時恰好在對面的咖啡店，與朋友喝咖啡聊天。突然發現四樓冒煙，當時只見到煙，還看不到火光，於是就馬上打電話通知了我。當時公司職員手忙腳亂，等到有人通知我時，我已經知道狀況了。我要感謝阿彬的第一時間通知。

張學彬後來回想起這件事時說：「我打了電話給CK後就駕車離開，當我的車子上了高速公路，眼前出現的是滾滾黑煙直衝雲霄，你就可以感受到，當時的火勢有多麼凶猛了。」

欲哭無淚

開始時，我們一直以為是小火，並沒有意識到事態的嚴重性。多支水管藉助消防栓噴出的水柱，與張牙舞爪的火舌正面交鋒，無奈火勢在易燃物的助威下如虎添翼迅速蔓延，半小時後就燒到了5樓，再過10多分鐘後，6樓也淪陷了，我整個心都涼了……

破產及創業前後我身心疲憊，當累了經常暗自掉淚。我已有很長的一段時間沒有掉眼淚了，然而大火發生當天，正如我發給好友的短信，毫不掩飾形容當下的心情：好想大哭一場！發生這種事，能不教人感到懊惱嗎？但這一次我卻強忍住淚水，不讓它掉下來，我不能讓火神輕易把我擊倒。

遭火神偷襲的心情是細思恐極的。它靜悄悄地來，把你殺個片甲不留，棄下一個欲哭無淚的我揚長而去。眼巴巴望著張牙舞爪的火舌，迅速吞噬只使用了五年、辛苦建立起來的基業，自己卻一點也使不上力，這種心情，實非筆墨所能形容。

火舌無情，濃煙衝天。

黑煙衝天

兩名女同事結束牛車水的巡店工作，正乘搭計程車回總部途中，她們準備享用我從文東雞為她們準備的飯盒。計程車上她們接到火警的消息。開始時，她們和許多人一樣也以為是一場小火，但當計程車駛上泛島快速公路（PIE），眼前出現黑煙滾滾直衝雲霄的畫面時，兩人的心開始不斷往下沉⋯⋯

沒錢回家

大火發生在下午1時30分左右。許多同事外出時只攜帶手機，不少人的住家鑰匙都留在大樓裡，獨居的同事差點有家歸不得。因事發突然，很多人把錢包留在大樓，結果連回家的車資都沒有。管理層即刻安排專人在對面的咖啡店，緊急提取一些現款應急，讓同事們可以搭車回家，發揮了同舟共濟的精神。

爆炸聲響

我接到消息趕回來，整個人都傻了！眼巴巴看著火勢越燒越旺，加上不少貨品屬於易燃物如成衣和殺蟲劑，隱約還聽到陣陣爆炸聲響，我知道大勢已去，感到非常難過。保險公司即刻派代表來了解情況，當時我對保險理賠是完全沒有概念的。我從來沒有遇到類似的意外，意識到接下來將有很多新事物、新概念得重新學習與瞭解。

不願撤離

員工們都不願意撤離，選擇與我共進退。他們站在最前線繼續等待，希望大火儘快撲滅後回返公司，然而大家的希望終究落空。當時的情況非常混亂，消防車一部接一部趕到，由於空間狹窄，只能容納一部分消防車在場灌救。約三個小時後，民防部隊要求路人包括員工撤離到更遠的地方，以騰出更多空間。民防人員與火神搏鬥了17個小時後，終於在隔天清晨6時將火撲滅。

搶救「心臟」

財務部的同事，心心念念如何儘快將公司的「心臟」——電腦伺服器[注2]「搶救」出來。毫不誇張地說，搶救電腦系統是一場生與死的肉搏戰。當時大火仍在狂燒，猛烈的水注仍不停地灌救。財務部主管兩人一組，生平第一次穿上借來又重又濕的民防員制服，冒險進入火場二樓拆卸電腦伺服器。

如何拆卸？其實他們並不懂，也沒有類似經驗，完全是抱住「摸著石頭過河」的心態來完成任務。伺服器全鑲嵌在架子上並上了鎖，需要慢慢擰開螺絲，然後小心翼翼搬出去。大火還在頭頂上劈里啪啦地狂燒，在爭分奪秒的同時，大家都保持了高度的警惕。

把伺服器搬離火場後，立馬轉移到宏茂橋分店二樓。這個猶如公司「心臟」的最重要設施，必須刻不容緩保持運作。待命的科技部門同事早已準

[注2] 伺服器：server，又稱服務器。指可以支援多個應用程式同時運行、可處理多個同時連接的一台電腦，而普通電腦則不能。

備就緒，漏液在宏茂橋將伺服器設置好，並投入使用，以處理一些緊急的事務如員工的薪水單，保障所有員工能準時領取到工資，也確保了全島19家myCK百貨分店的正常運作。

步步驚心

深入火場最危險的是，當你在往前走時，懸掛在天花板的重物，會秒秒鐘以迅雷不及掩耳之勢墜下，倘若不幸被砸中將凶多吉少。在火場內匍匐前行，只能用步步驚心來形容。

大火雖在四樓以上肆虐，但高溫已導致下面層的鋼筋水泥結構出現變形。事後的照片顯示，三樓的天花板和混凝土柱子，已被高溫炙烤到暴露出鋼筋。

員工冒險撤離重要文件

傷皮不傷骨

大火發生後的幾個小時，趁還未貼上封樓令不准任何人進入之前，同事決定冒險進樓把重要文件搶救出來，如果沒有這些文件將對公司造成不可估量的影響。經過一番激烈爭取，民防才允許一小段時間開放，各部門員工兩人一組，嚴格限時，輪流入火場索取重要的文件與資料。

同事速戰速決，把二樓行政中心最重要的文件，裝箱打包，推到外面的同事接應，過程緊張異常，彰顯了同事們奮不顧身搶救公司的決心，竭盡所能做到讓公司「傷皮不傷骨」的目標。

家人不知

冒險入火場，都是自願、且發乎內心，任何人進入得自負全責。幾乎所有人事後絕口不提，有的人到今天仍沒有告訴家人這件事，免得家人操心。有人甚至連入火海兩次，我對他們的勇敢與無私的奉獻，寄予最高的敬意。不同部門都有各自的重要文件搶救，以確保公司的繼續運作。有的部門搬了兩大箱沉甸甸的文件資料撤離，在爭分奪秒的搬運過程中，可以想像身心所承受的煎熬。

我經常捫心自問，如果對這家公司沒有深厚感情，員工們犯得著冒著性命危險為它付出一切嗎？我對400多名員工的責任與承諾，反映在危難時團隊發揮出巨大的力量，災難後處處有溫情，一幕接一幕在myCK上演。

搶救「喇叭」

員工也不忘將我視為寶貝的「喇叭」（擴音器），從火場中取出，「得救」後的「喇叭」繼續擺在過渡行政中心最顯眼的位置。這個「喇叭」是

myCK 創業第一間店我喊 lelong 用過的，一直保留到今天，具有特殊的歷史意義。

如臨大敵

深入火場的員工如臨大敵，須戴上安全頭盔，手持對講機，與外部接應同事保持密切聯繫。大家的共識是：只取最重要的物件，並在限定的時間內撤離。例如，採購部必須取出單據，好讓財務部付款給供應商，沒有單據就無法如期還錢。假設因為這樣而導致延遲付款，可能會引發市場的揣測，甚至謠言四起，這將對公司極其不利。此外，採購部門必須準備採購合約繼續下單，生意才能持續下去。我多虧他們的奮戰與努力，不但讓 19 間分店逃過暫停營業的命運，同時將 myCK 所蒙受的損失降到最低點。

我們甚至將整個籬笆拆了，方便運送搶救出來的重要物件，運送到停放在隔壁待命的貨車。司機也嚴陣以待，第一時間把電腦和文件送往安全地點。

不能欠賬

採購部拼了命搶救「困」在大樓內的賬單合約，好讓財務部能如期結算供應商的賬單。隨著火災的消息廣為流傳，來自供應商的詢問也跟著倍增，大大加重了同事們的工作負擔。我過去經常提醒，市場是非常現實的，公司不能沒有周轉金，否則將是一場致命的災難。

在任何時刻我必定確保現金流的充裕，絕不拖欠別人的錢，否則名聲就不好。我們的賬期30天，以前15天就還錢了，後期因規模大了，財務

部就固定付款，絕不拖欠任何貨款。我們過去準時付款的一貫作風，在危機時宛如給了供應商一顆定心丸，協助我們安然渡過這次危機。

供貨力挺

我第一時間打電話給香港的合作夥伴源哥，通知他貨倉被燒的事。源哥接到電話後，顯得焦急萬分。我請源哥即刻同大陸的供應商商量，接下來一段時間是否可暫時通融，以先拿貨、遲些還錢的方式交易？源哥請我放心，他即刻去詢問。

賒賬三月

結果得到的答案是：供應商説myCK訂的貨，可以給三個月的賬，即刻生效；向來一手給錢一手交貨的慣例，如今怎會變得那麼大膽，一通電話就能打破？這是大陸供應商對我的信任，對這個為我而設「史無前例」的先例，我感覺到既開心又傷感。還有供應商答應隨時為myCK趕工，且每件衣服主動特別折扣人民幣一元；我落難時沒有人「趁火打劫」，銀行也繼續支援，都是雪中送炭的點點溫情，一切都讓我沒齒難忘。

最終，我們並沒有拖欠賬款，而是照往常一樣貨到錢照付，供應商自然非常的高興。就算是遭遇到倉庫被燒毀如此大的危機，供應商仍大膽冒著我可能周轉不靈還不上錢，導致他們血本無歸的風險來支援我，這是對我有多大的信任呀！

我與供應商結緣多年，myCK發生大火時已創辦了19年，我們一起見證過起伏動盪的歲月，到今天我有責任向供應商證明：我們還是很安穩

災後現場

混凝土天花板，烈焰炙烤下，鋼筋外露。

的，不會有事的，而我也絕不濫用供應商對我的信任，就算他們答應了可以掛三個月的賬，我也在能力所及的情況下把賬清了，絕不拖欠他們，以此來回饋他們對我的信任與支援。

接封樓令

普通員工隨後獲准分批進入大樓內，取回自己重要的隨身物品。大火發生後，下來要處理的事務排山倒海。我得聘請專業工程師，評估大樓是否能繼續使用。另一方面，民防官員也逐層視察建築物的內部結構，初步斷定大樓不再適合使用，不准再讓人進出。建築管制署隨即也發出了封樓令，封樓的費用相當高昂，全數由公司承擔。

臨時中心

大火是在隔天清晨 6 時撲滅。我們一大早就聚集在總部大樓對面的咖啡店「上班」，員工們是自動自發、大家聚集到一起的。我一大早去買早餐，放在咖啡店裡讓員工果腹，等候同事陸續抵達。

我多數時間陷入沉思，思考大方向，公司該何去何從？最初的一兩個星期，我確實經歷了人生最煎熬的時段。腦海中不時浮現諸多的不確定：大樓會倒塌嗎？如何清理災場？如何重建大樓？如何找尋臨時貨倉？如何繼續各分店的業務？

臨時總部設在火場對面的9007咖啡店

驟然失去總部後，員工每天工作超過12小時，日以繼夜解決日常營運所衍生出的種種難題。公司的「心臟」——電腦伺服器已漏夜搬到宏茂橋，負責同事一大早就去宏茂橋報到。大家各就各位，有太多的工作得處理，譬如按時發工資給員工是重中之重。

我坐鎮在咖啡店，員工每天就這麼圍住我。我們開始討論接下來的種種善後。在搬到過渡倉庫和行政中心前，對面咖啡店儼然成了一個臨時辦公場所，我們在這裡斷斷續續「工作」了約兩個月之久。

我向來注重溝通，尤其面對突如其來的危機，必須與員工保持密切聯繫，儘可能告之公司的計劃，給員工明確的方向與信心，否則心情肯定會忐忑不安，這是人之常情。

穩住軍心

我於是向朋友借了一個臨時場所，邀請所有的店長來開會。危機發生後最重要的是穩住軍心！我要給大家一個信心！當我宣布會即刻著手重建大樓時，馬上贏得大夥的熱烈歡呼，並提振起全體員工的士氣。

店長把這種高昂的氣勢，帶回店裡傳達給基層員工，讓大家知道接下來工作有了保障，感覺也特別踏實。接下來我們經常召開臨時會議，及時把各種決策傳達開來；營運組把訊息傳達給店長，而門市部的店長，則負責把公司的大小決策下達基層員工。我給了400多名員工莫大的鼓舞力量，讓我穩住人心，避免了人才的流失。

善用空間

身處非常時刻，我們靈活善用各個分店的空間，譬如人事部、採購部等，暫時安插到不同的分店，共用空間一時間成了常態。我們實行集體領導制，每個部門都有負責人執行工作。我們進行業務改革時已建立起不同的團隊，由4、5人組成的核心領導層，所有的決策都會向我報告，而我也絕對信任他們的決定。

在物色過渡臨時倉庫和行政中心的過程中，不少人提供意見，最終仍由我來拍板。習慣決策的我也樂於負起這個責任。不同崗位的同事各就各位，加倍忙碌解決他們份內的工作。如今我卻驗證了「以人為本」的公司哲學，並親身體會到了。

平常工作忙碌，要不是發生了這場大火，大家還真感覺不出公司凝聚力的可貴，這是我感到驕傲的地方。危機發生後員工普遍願意繼續留下來，是因為感覺值得為這個公司付出，而沒有想到要在最艱難時刻當「逃兵」，想貢獻自己微薄的力量，儘快把事情解決，讓公司回歸正常，這也是令我感觸良深的地方。

驚弓之鳥

火災過後一些同事出現了災難症候群，火災警鈴聲成了驚弓之鳥。心理創傷伴隨而來的是揮之不去的恐懼與陰影。每當聽到警鈴大作，大家變得非常警惕，甚至有點神經質，在多年以後仍會有這種感覺；就算休息在家聽到警鈴聲也會緊張，還有一些每當親人在家裡焚燒金銀紙，就會不由自主極度懼怕，大火的陰影在他們的腦海中揮之不去，感覺如坐針氈。

在修行路上我渴望修成一名好的人,災後的今天我終於展現出來了。我深刻了解員工的感受,也知道他們所面對的問題。我希望所有人在接下來的人生路途上,不要一聽到火燒就懼怕。我們不應該繼續讓恐懼捆綁和困擾著我們。

沒有責怪

高階主管一致認為,火患的發生他們責無旁貸,他們感恩我沒有責備。一般員工體恤身為老闆的我,承受了很大壓力的同時,仍每天買早餐給他們吃。感動之餘唯有竭盡所能為公司善後,發自內心將份內工作做好作為報答。老闆沒有責備,對員工來說是積極的推動力,積極的一面是,他們再也不是逼於無奈加班加點,而是竭盡所能、愉快舒服地將倍增的工作做好。

發脾氣對解決問題是毫無幫助的。倘若沉不住氣隨意指責員工,我相信換來的是離心力的加劇,對公司一點好處都沒有。後繼有太多的事情要處理、有太多的責任要承擔,這是超乎常人所能負荷的重擔,我感恩同事對我的不離不棄。

以人為本

每個人來自不同的家庭背景,生活方式也不一樣。我本著以人為本,號召大家與人為善,把負責任的理念傳遞開來,即簡單又實用。

我一直在磨練心智,耕好自己的心田,以自己的智慧來耕耘人生,到今天依舊持續不斷。我不作任何施壓,沒有責備,而是與員工積極溝通,清晰展現未來目標的方式,呼籲大夥齊心協力度過這次的難關。

寬心之路

　　大火焚毀了一切，卻燒出內心的寬容。我用行善心植入公司的管理，把以善為本的理念帶到公司來，這也是我在最沮喪時不罵人的根本原因。我有一個感動的人生，我相信這本書也能同樣令你有所感動，這是一本寬心之路的書。

平和之心

　　到底是什麼動力在背後驅動我？在我最艱難時刻，仍舊保持一顆平和心？坦白說，我當時是極度壓抑的，簡直是要瘋掉的，我只是必須努力克制住自己，員工看不出來罷了。試想一想，公司的運作「心臟」，一下子燒沒了，我為什麼還有心情每天買早餐給員工吃？一名員工記得我當時經常說的一句話：「吃了早餐才做工！」令他感到溫暖，到今天仍記憶猶新。

　　金山嶺咖啡店集團老闆洪鼎良（已故）和他的兒子啟強，親臨災場慰問我。幾個月後，洪鼎良在一次聚會上問我，他當天見我一副從容自若的模樣，感到百思不解。我當時對他說：這次不管損失有多大，我都不會像20年前那樣，變得一無所有。如今再大的損失，我都能承擔得起。

　　經歷了苦難與起落，我懂得感恩與知足，我已不在意財富的多寡，並學會了從容應付困難。因此就算遇到如此大的劫難，我由始至終沒有慌張失措。上次難過流淚，是因為承受不了失去親情的苦痛，但如今的我，絕不會因為困難或錢財再滴下一顆眼淚。

联合晚报
Lianhe Wanbao

老板洪振群：

好想大哭一场

CK百货总部大厦大火

逾百消防员
灌救17小时

今年最严重工业区火患

CK百货仓库狂烧五小时

淡滨尼CK百货仓库大楼遭火舌吞噬，滚滚浓烟一度扩散至好几公里外。民防部队派出110名消防员到场灭火。（邝启骏摄）

黄小芳 报道
xhuang@sph.com.sg

洪滨尼昨天发生今年最严重的工业区火患。一家仓库遭火舌吞噬，大楼被烧得焦黑一片，附近的办公楼也遭受高温影响，多面玻璃窗户爆裂。大约200人在事故中被迫紧急疏散，一名消防员因热衰竭送院治疗。

这起大火发生在下午1时30分左右，地点是淡滨尼92街的CK百货仓库大楼。

这栋大楼共有六层楼高，火相信是从四楼最先烧起，过后迅速延烧至六楼。由于仓库内有不少纸制品和气雾罐等易燃物品，现场多次传出连串爆炸声，场面惊心动魄。

据了解，事发时有67人在大楼内，

所有人都在火警响起后马上逃生。

一名不愿具名的CK百货仓库员工接受《联合早报》访问时说："我在三楼工作时火警铃声突然响起，当时没闻到焦味。所有人在管理层的指示下逃出大楼，我后来才发现火势比想象中大。"

另一名员工说："事情发生得突然，大多人逃出时都来不及拿包包和贵重物品。"

民防部队和警方过后赶到现场灭火。除了疏散附近两栋办公楼的近200名员工，也封锁现场方圆约500米的范围。

民防部队动用27个灭火器灭火，也派出110名消防员到场救援，这是当局今年在工业区火患中动用最多人员的一次。

据记者观察，火势蔓延期间大楼外墙开始出现多道裂缝，玻璃也几乎全部爆裂，碎片散落满地。

民防部队行动处处长林仰恩助理总监受询时说。消防员抵达时大楼四周都已冒出火舌。"由于大火可能已影响大楼结构的安全性，民防部队作业时困难重重。为消防员的安全着想，我们着重在大楼外围灭火，只派一小部分消防员到楼内扑灭火种。"

昨日深夜仍继续灭火

大火在傍晚6时左右受到控制，但上100名消防员仍驻守在现场扑灭剩余的火苗，并等待大火完全扑灭，以评估现场情况。

隔壁办公楼一家电子半导体制造公司的市场总监孙汉钦（49岁）指出，为安全起见，办公楼管理层已要求所有业者今天停业一天，以评估CK百货仓库大火是否影响办公楼的建筑安全。

"我们公司有上100名员工，两天无法工作，估计会为公司带来上万元的人力损失。"

截至昨天深夜，现场的灭火工作仍未结束。

扫描QR码，
看仓库大火现场

媒體鋪天蓋地報導火患，《聯合晚報》頭版刊登新聞。（SPH Media）

我是比較傾向照顧員工切身利益的老闆，我甚至會「責備」那些不吃早餐、不照顧好自己身體的員工。我的感悟是：我們既然能結下這個緣分，能在一起工作，共同為同一個目標奮鬥，就應當彼此好好珍惜。

火災後很多朋友主動來支援，他們都是發自內心，協助我努力修復災區。我們的供應商、承包商，以及商場上的老朋友，都挺身而出，樂意在各個方面幫助我。朋友排山倒海而來，他們都以我的需求為先，盡最大的力量協助，這種雪中送炭的情誼令我感到無限的寬慰。

貳：火滅

大火熄滅後，眾人紛紛伸出援手，患難見真情的一幕不斷湧現。我不敢確定，這是否是我平時廣結善緣的結果，但對有朋友第一時間義無反顧借出公司電腦、臨時倉庫給我，之後沒有收取半分錢費用，純粹只為協助我度過難關的所有舉措，我由衷向他們表示感激。

協調各部門的日常運作刻不容緩。有的被安排居家工作，有很多文件要處理的部門同事，則必須回返忠邦分店的二樓，我們臨時設立了一個行政中心，讓各個分行的業務能繼續運作。接著鋪天蓋地而來的事要處理，有的我們完全不熟悉，很多人提供不同的意見，但還是要由我做出決定。我們唯有邊做、邊瞭解、邊解決。

伸出援手

　　火患發生後，我們急需用到電腦。在總部大樓對面的 YG Marketing 私人有限公司即刻伸出援手，讓我們到他們的公司使用電腦。我們急著列印訂單、電郵重要的文件，YG 慷慨地讓我們使用他們的電腦發電郵和列印。

　　SK 珠寶老闆和老闆娘，則借出樟宜貨倉頂樓，偌大的一層樓給我們使用，讓我們暫時存放文件和設備。我們使用了 SK 的貨倉幾個月，當我們親自把鎖匙交回時，他們並沒有向我收取一分錢。對此，我衷心向他們致以十二萬分的謝意。

　　並不是所有人都伸出援手。在火患現場就曾遇到一名供應商，說我們欠他的錢不還。調查後發現，我們確實欠他 4600 多元，但仍未到期，既然他迫不及待向我們追錢，我們也馬上把錢還給他。

　　為了不影響償還供應商的貨款，我火速在忠邦設置好電腦系統並投入運作，馬上以支票支付，絕不拖欠任何一人。每筆貨款需要兩名高階主管，親身到忠邦簽名才能過賬。我們不想供應商一直打電話來詢問，唯一的辦法就是儘快把錢歸還。Loreal 銷售部先是通過我們的採購部同事，瞭解我們的具體情況，最終經理還是親自下來巡視後才放下心頭大石，可見當時市場的風聲鶴唳。

籌款相助

　　火燒後好友們一連好多天都來陪伴我，給予精神上的力量與支援，這是我能感覺到的溫情。一場災難後，接踵而來不是債主，而是一大票來幫助我重新振作的貴人。

發生這麼大的意外，最需要的自然是現金周轉了。經營區域寵物飼料生意的葉成德，最令我感動。他當時立馬對我説：「我替你籌500萬！」我回答説暫時不需要。他説若有需要就和他説，他將義不容辭，當下的我是非常感激的。

隔年的一次聚會，我和葉成德聊起這段往事時問他：「你有這麼多錢借給我呀？」他回答説：「不是，其實我當時是想叫郭明忠、郭觀華、幾個好朋友，一人出100萬借給你度過難關。」雖然最終我沒有需要到他們的貸款，我充滿的感激卻是深埋在心坎裡。

文東記老闆程文華，開了一張30萬元的支票給我。昇菘超市老闆林福星也來電以福建話説道：「錢我這裡有，你來拿。」麵包物語老闆郭明忠天天來電慰問，他雖然沒有説直接借錢給我，但表示可以安排銀行給我貸款。

買貨行動

著名心理醫生楊新發，在我們的手機朋友平臺上，發起購買myCK百貨行動，協助我度過難關。老朋友石漢秋和他的太太Tracy來看我，他的太太問我，需不需要幫忙？還有很多朋友幫忙、慰問。上述這些朋友除了獻上關懷，還以不同的實際行動來協助我度過這次難關，讓我感到無比的溫暖，我心存感恩。

總部大火的新聞見報後，19家myCK百貨分店，有好幾家出現了不少新面孔。這些新客應該是閲讀了新聞報導，紛紛前去購物支持我們。對這些無聲的善舉，我由衷表示感謝。

保留簡訊

我的一些好友，還保留著我當年大火後與家人、員工和朋友的通訊紀錄。

分店照開

總部貨倉大樓燒毀後，竟然沒有影響到19間分店的生意？我們是如何做到的？重要的是臨危不亂。各個分店都有一些庫存，在短期內仍能供應需求，而採購部這時也馬上下單請中國的供應商繼續供貨。

沒有了辦公室，採購部唯有通過手機，居家辦公聯絡供應商。採購部在第一個星期當機立斷，進行第一輪的採購行動。當時我們甚至連過渡性的臨時貨倉將設在哪裡？何時可入駐？等等重要資訊還未確定，而且太早訂貨將面對貨源抵岸後存儲的問題。

但我們仍採取靈活、預先採購的計劃，來應付這次的危機，確保分店不會賣斷貨。等臨時貨倉建好，把來自海外來的貨送去，而本地供應商，則不需通過總部，各個分店缺什麼貨，就直接把送貨到那裡。

臨時貨倉

總部大樓已成危樓，我必須找一個臨時貨倉，才能確保全島19家分店的生意能持續下去。這個重任自然落在我身上，由於要處理的東西實在太多了，我感覺到身心疲憊。但我仍馬不停蹄，親自去看了幾個地方。我於14天後在樟宜南物色到一間面積雖偏小，但暫時仍可緩一緩的臨時貨倉。說是「臨時」，我們在那裡仍待上了將近兩年的時間。

在極短的時間裡找貨倉、搬貨倉，我承受了非常大的壓力。簽下樟宜南後，承包商特地為我們趕工，連星期天也加班，在指定的時間內完成所有的工程，並將系統完全安裝好。我們的貨倉先搬，緊接著行政辦公室入駐。

優先照顧

建造臨時貨倉的貨物架，大概一個星期餘就完工，儲貨架子為何能這麼快裝置好？我心裡有數，是承包商給我們優先。他們是我的老朋友，接下任務後，均抱著奮不顧身為我拼到底的精神，工程才會如此順利地完成。我知道他們是盡力想幫助我度過難關，這份情誼並不是一、兩天，而是經歷一段長時間建立的。

火患後的兩個月，我們終於入駐樟宜南的臨時貨倉與行政中心，各個行政部門回歸，暫時結束分散各區顛沛流離的生活。這段期間我忙壞了，我懷疑自己的氣喘病是從這時候加劇的。現在晚上若沒用呼吸機，可能會有窒息的風險。過去我一直有氣喘，但從沒有出現過嚴重症狀。

每天吵架

開始時，臨時貨倉的運作並不順利。不一樣的貨品，原本是要分門別類儲存，但由於貨倉面積小，一開始所有的貨全部擠在一起。場地不夠用的貨倉，每天面對「交通阻塞」，員工難免發生口角，混亂程度可想而知。貨物太多，出去的路受阻，雙方爭吵起來，吵架竟成了每天的常態。

貨進不來，出貨同樣也擠不出去，雙方卡在中間。後來我們在樟宜多增加的貨倉，並妥善規劃進出貨流程後，擁擠的情況才告舒緩。

清理災區

大火熄滅了，必須馬上著手災區清理、拆除與重建大樓的工作。大批的貨物和污水，全然混合在一起，融化成黑色的泥漿，黏糊糊的隨地可見。有些角落泥漿的厚度，甚至把清理員工的長筒靴給淹沒了；現場籠罩

著刺鼻難聞的燒焦味，戴著密不通風的口罩仍令人感到非常不舒服，現場滿目瘡痍的惡劣情況可見一斑。

事實上，清理時丟棄廢料，以及下來的拆除工作，過程最為繁瑣。火患後的第二個星期，我聯同專業人員進入災區巡視。映入眼簾的盡是漆黑一團，各種化學物質混合在一起。按照當局規定，廢棄物不能直接丟棄，得進行特別的處理，這是我們面對的第一個挑戰。

廢料分類

根據國家環境局（NEA）的條例，清理現場時，得根據廢棄物分門別類。鋼筋水泥歸一類，化學廢物歸一類，由不得我們隨意丟棄。令人頭疼的是，不少水泥與化學廢料，全部融化交織在一起，要將其切割實非易事。雖然困難重重，我們仍努力根據政府的條規進行妥善處置。

髒亂到令人作嘔的半焚毀貨品，大多含化學成分不能隨意丟棄，得一包包地裹好由專車載去指定的地點處置。我每天都在場監督，確保萬無一失。我們按規定將火場大樓四周圍了起來，確保重建工程對鄰里造成的影響減到最低點。

由於需顧及賠償事宜，過程也得密集地向保險公司彙報。民防也提醒我們，必須要趕快清理，否則容易滋生蚊蟲。我們每天就像打仗一樣衝鋒陷陣，幾乎是不眠不休日以繼夜地處理善後工作。

殘留物堆積如山，工人正清理滿目瘡痍的災場。

叁：拆樓

　　我雖與時間賽跑，但前後仍花了半年時間，才完成三層樓的拆除。這還不包括之前向不同部門遞交申請文件，所花費的幾個月時間。拆樓絕非易事，得需符合諸多要求。因涉及安全隱患容不得加速，故拆除的過程也相當漫長的。

　　我慶幸有一名經驗老到、盡心盡力的建築承包商從旁協助。他幫助我在重建大樓的同時，減低對myCK業務的干擾。當燒毀的二樓行政中心撤出後，如何儘快把大樓拆除並重建，myCK的聲譽不受影響是重中之重。

　　在清理坍塌的建築架構時，我們得有特別的方案。災區有一個特別危險的地方——鐵質的屋頂坍塌所在地。經過高溫炙烤，整幢建築結構已變得非常脆弱。鐵條在高溫下都軟化了，半個屋頂已塌陷墜落到地面上。這裡是一個危險區域，我們拆除時必須動用一些特別的配備——鏟泥車。

從上而下

　　事實上把鏟泥車吊上被燒毀的樓層進行操作，具有一定的危險性。我們得特別在下方安裝支撐物，承受住鏟泥車的重量，才能把噸位級別的鏟泥機吊上去，一層

緊鑼密鼓召開重建工作會議

地往下拆。拆除工作緩慢啟動,從第六層開始,小心翼翼地一步步往下拆,安全第一最為重要。

承包商過去雖有拆除火場災區建築的經驗,但當時的災場是地面樓,如今我們卻是在四、五層樓的高度,困難度大大提高。雖然有一定的風險,但承包商仍義無反顧,在安全措施到位的前提下,出色地完成了任務。

大樓「鋸」半

我們小心翼翼,步步為營,拆除了被燒毀的三層樓。從遠處眺望,整幢大樓彷彿被外科醫生「鋸掉」了一半,從6樓拆到3樓,再從3樓建回,象徵著涅槃重生,也代表著未來一片光明!

大樓被「切」掉一半後,再重建。

重建工程馬不停蹄進行中

每個重建步驟，皆有條不紊，按部就班進行。

重建團隊視察，檢視工程進度。

肆：重建

大樓被攔腰「切斷」後，我們僅用了8個月時間，完成了三層樓的重建工程，賦予myCK總部大樓一個新的生命。

如何把大樓重建起來，是一項艱巨的任務。由於大家各自有繁重的工作，我責無旁貸扛起重任。沒有災後重建經驗的我，仍相信自己的人生歷練，還有裝修牛車水旗艦店所創下的「最快紀錄」等寶貴經驗的加持，我有信心能完成任務。我開始和不同的專業人士深入商討，進行了多次考察，最終確定重建的所有細節。協助我完成工作的阿泉與阿山，我要向他們表示感激。

我給自己設下目標，希望以最快的時間把大樓重建好，公司可以省下租貨倉的大筆費用。

裝灑水器

重建必須符合建築管制最新的條例要求。以往沒有的許多新設備，如今必須強制安裝。譬如新的滅火灑水器，我們為此得多建一個水槽，如此一來就得花費上百萬元的格外成本，好處是它能在第一時間把火苗澆熄，防患於未然。

過程中我學習到很多新的知識。在如何重建大廈這個課題上，我與建築承包商相互溝通，並發現了很多問題。在溝通過程中，他們根據我的意願，改動了原本的建築規劃。執行工程的是親家阿泉，他盡了全力儘快的將大廈重建好。

千萬重建

重建費用花去了1000萬元。經過評估，原建築的第一到第三層，結構沒有受到大火影響，而地基也得以保留。我於是提議全面加大貨倉的存儲空間，貨倉樓層高度從4米加到7.7米，將儲存容量從原本的10萬立方尺，增加到13萬立方尺。我把自己的想法和意見告訴承包商，雙方合作無間，結果以10個月的驚人速度完成。

法師為大樓封頂儀式誦經

　　重建工程順利竣工後，於2018年2月19日舉行大樓封頂儀式，距離大火發生後的一年半時間。封頂後我們仍得等待一些手續完成，才能重新入伙。入伙當天萬里晴空，我們請了法師到場作法祝福，念誦三寶龍降福文書，並帶領眾人上每一層樓，誦念六字大明咒，祈求消災賜福。同事們第一個反應是，長吁一口氣：終於回來了！結束將近兩年「寄人籬下」的生活。

重建後的總部大樓外觀

大樓浴火重生後的歡慶場面

索賠結果

我曾終日擔心，保險會不會得到理賠？要是得不到賠償的話，損失不是更慘重？這種提心吊膽的滋味，真的不好受。其結果是：貨倉被燒毀的貨物，沒有得到任何賠償。至於建築物的損壞，大華保險賠償我們 700 萬元的火險。

記得火災發生當天，保險公司已派人下來調查並收集資料。保險公司通常會要求客戶儘快提供存貨的確實情況，好讓他們進行評估，以避免時間拖得越久，動手腳的機會越大的事發生，這無形中大大地增加了員工的工作壓力。

雖然我們在第一時間提供索償的所需資料，但民防部隊的報告卻指出，因現場有找到燒香的證據，歸咎起火原因是員工燒香拜神導致，也意味著是因我們的疏忽造成，故貨物燒毀這一塊，一分錢也得不到賠償。令人費解的是，燒香是在大樓的地面層，而大火則是從四樓燒起，到如今仍是個不解的謎團。

說到保險賠償，這裡補上一筆，隔壁座投訴 myCK 總部大樓起火時，波及到他們的電房，要求我們賠償。這件事拖了好幾年，直到最近幾年才賠償了鄰居 50 萬新元。

伍：火神二臨

2016，這一年我好像與火神特別「有緣」。總部被燒還不到兩個月，同年的10月份，裕廊西41街第493座巴剎凌晨被大火燒毀。火勢蔓延到兩家咖啡店，造成多人流離失所，同樣成了當時最轟動的社會新聞之一。

躺著中槍

　　火場旁的myCK百貨，生意一落千丈，整整兩年慘澹經營。這家裕廊西分店，原本坐落在人流熙來攘往的巴剎旁，地理位置優越，是業績最好的分店之一。雖然大火沒有蔓延到我們的店，卻嚴重「燒」到我們的生意，也讓我感受到「躺著也中槍」的無奈。

　　裕廊西被燒，距離總部火患才兩個月，真是一波未平一波又起。整座巴剎盡毀，高聳的重修工程護板，將附近商店團團包圍住，導致這裡的人潮大減。整個重建工程持續了兩年之久，整體上我們損失慘重，影響了整個公司的盈利。

　　當年這場火患於凌晨約2時45分發生，被燒毀的包括第493座的巴剎和咖啡店，以及毗鄰第494座底層的咖啡店。民防部隊接獲通報後，派遣多部消防車和救護車到場滅火救災，火勢在凌晨4時15分被撲滅。附近約300位居民被疏散，受影響的整個巴剎及咖啡店攤位停業，當時攤主紛紛表示損失慘重。

裕廊西巴剎被燒毀，毗鄰的myCK遭受池魚之殃。

巴剎整個屋頂塌陷，可見當時火勢之凶猛。

陸：祝融三顧

　　總部大樓封頂不久後，剛收拾好心情不到一年，以為總算這兩年來可以鬆一口氣。擁有兩個店面的宏茂橋6道720分店，在2019年7月5日下午3點45分又傳來壞消息，又被大火燒毀了！我接到通知時，眼前一片灰色！為什麼會這個樣子?!我的心好累！

　　第一個通知我宏茂橋分店起火的，是宏茂橋商聯會會長林建發。當我接到電話時不願意相信這是事實，直到確認後，我足足3個小時說不出話來。

　　我無語問蒼天。這一次，我根本無法接受，連開口說話都不會了！為什麼三次都是我？我真的沒有辦法接受。我當下整個人是呆住的，心寒了！

（SPH Media）

myCK宏茂橋分店燒毀，我再次上了新聞頭條。

火舌迅速蔓延，一發不可收拾。

整座組屋被熏黑，現場宛如遭受戰火洗禮一般。

　　這次的火力非常迅猛。第一間起火的五金店，中間隔了兩個店鋪，卻眼巴巴看著火舌像脫韁野馬般，張牙舞爪所向披靡，一路蔓延到myCK，又一次把我們燒個精光，再一次把我們送上新聞頭條。

怎麼又是你？

　　為什麼祝融每一次都找上我？我受的傷還沒好，上次大火的保險金仍沒著落，現在又來一次「夠力」的。我問天，我無語！我陷入了迷茫，還好，很快的我終於想通了，人沒事才是最重要的。這或許就是命運的安排，我真正學會了既來之、則安之的道理；該來的就會來，必須接受，從容以對，祈求往後不再發生。我過去面對破產，若沒有轉念，老早就死了。現在的我還能做慈善，是菩薩神奇的力量，我開始參透到人的考驗原來是沒有止境的。

隔間起火

　　宏茂橋起火時，有同事還慶幸說：哇，還好不是我們的店起火。之間隔了兩個店鋪，應該會沒事的，但事實上我們都低估了大火的威力。

　　五金店著火時，剛好被我們下貨的貨車攝像頭拍下，司機急忙通知負責人和我。幾名高層即刻趕赴現場，就在半路上，才過了兩、三分鐘，又接到店長一通讓我晴天霹靂的通知：火……燒到我們了！

　　下午3時45分發生的這場大火，共有四家商店，包括五金用品店、美容院和兩間連通的myCK百貨商店全被燒毀。現場傳出爆炸聲，八人受傷入院，包括一名民防人員。

「冇眼睇」咯

朋友都在火災現場等我，頻打電話問我，你還沒有下來呀？我們都在等你呢。我回答他們説，我沒有心情，不要看、也不想看。這種「冇眼睇」[注3]的心情，我以為只是暫時性的，想不到竟然持續了一年多。可想而知，這次火燒對我的打擊有多大。

到了下午4時左右，朋友再次邀約我，晚上見面吃飯。他們一番好意想當面安慰我，但我不想去。這是我是第一次拒絕好友的邀約。好友不斷勸説：「來啦！我們都在等你。」我卻説：「不要啦，我沒有心情！」

過去每當與朋友見面，立馬精神抖擻、龍精虎猛起來了。在友人面前不説洩氣話的我，這一次真的是大反常，他們也對我的情況更為擔憂。七名朋友輪番勸我出來，吃頓飯透透氣，説在中華游泳會俱樂部不見不散。在好友盛意拳拳的邀請下，我終於答應外出透透氣，晚餐後心情有好轉了一點。

遙控重建

店鋪燒毀虧損嚴重，生意沒得做，重建還得面對漫漫長路，一切又得重新開始。想到我很快又要周而復始、重複去做剛結束的糟心事，心情是低落的。從始至終我都沒有到過燒毀的店鋪視察，一次都沒有。我遙控所有的重建工作，直到全部竣工後，我才第一次去巡視。

處理火災現場的重建工作，我有太豐富的經驗了。我通過遙控的方式，要求助理向我報告進度，然後根據我的指示進行。我在電話裡和發簡訊發號施令，每一個步驟該怎麼做，一步步去完成，我就是不願意到火場

[注3] 冇眼睇：粵語，不想再看。

觸景傷情。助理得知我的心情寫照，貼心地對我説：老闆！你不要下來，我知道你不想看……

於是乎，經過一年的清理修葺和全面裝修，重建工程終於獲得當局批准，馬上可以恢復營業了。試想一想，這一年多來，我連到現場看一眼的心情都沒有，就算如今重建翻新落成後，我仍心如止水，完全沒有一絲的喜悦。我想我並不是絕情，而是真的心已麻木了。

劫後感悟

為什麼我不去看一眼？我跟朋友説，那還不是一堆黑不溜丟，燒得面目全非的廢墟嗎？我下去又能做什麼呢？宏茂橋店鋪失火災區，我甚至連照片都不想看，那種令人心痛、似曾相識的場面，你甚至可以想像得到，整層樓説白了，就是「一黑到底」。

火神三次的降臨，對我的人生觀產生了重大的影響。熊熊烈焰似乎在催促著我，嘿！老兄，人生苦短，是時候該放緩腳步，多點休息了。破產後的打拚，三番兩次的火燒折磨，搞到我精疲力盡，心也累了！

柒：側記

出奇平靜

好友譚蕾回憶説，當她知道總部大樓發生火患後，馬上聯繫向我表達了慰問。譚蕾過去曾在雙魚任職，知道我的經營模式，多是小本經營的貨品，經歷千辛萬苦好不容易才有一幢大樓，如今就這麼被燒了，而且又燒得這麼徹底，頓時讓她感覺我的人生怎麼會是如此的唏噓曲折？

我們在雙魚曾有過一、兩次的飯局。她當時的感覺是，我在雙魚似乎有點失落。當年在譚蕾眼裡，我是一名單純、低調、埋頭認真做生意的年輕人。

譚蕾說火患發生後聯繫我，最出乎她意料之外的是，我所展現出的那份平靜。發生了這麼大的事，怎能如此平靜呢？波瀾不驚的心境，與我這些年來的人生百味不無關係。經過歲月沉澱後的靈魂，譚蕾說我已不再是雙魚初次邂逅的洪振群了。

《聯合早報》前記者譚蕾

大火熄滅了，譚蕾說要來探望我，我卻委婉地對她說：「不用了，謝謝你的關懷，我已接受了……」

簡單幾句問候，識英雄重英雄的惺惺相惜，一切盡在不言中。

結語

開始時，這是一場負能量的火災。我曾經為了保險賠償的事苦惱過，我甚至在許文遠部長面前大吐苦水，抱怨發牢騷。記得許文遠部長當時安慰我說：你就做最好的自己，把一切交託給上天。

　　這場火，最終卻燒出了很多正能量。部長一路來很支持和鼓勵我繼續行善。在總部大樓被燒的10天後，恰逢返老還童功為臺灣癌症中心在醉花林設宴籌款，在事情還沒有解決、心情糟透的情況下，我決定繼續再捐款。

　　當時我是拿不出錢來的，我是第一次那麼的掙扎。我考慮了半個小時，只為了是否要捐出那一萬多元的善款。因它讓我繼續行善，繼續能量滿滿的向前走。

　　大火也讓員工們團結一致一條心。我過去曾破產，養成了未雨綢繆的習慣，當有意想不到的事情發生時，仍有能力繼續解決問題，並繼續行善。

靜心晨語
接受無法改變的事實；
接受它，就沒事了！

我與父母的全家福，前排左一是我。

母親是家裡的頂梁柱，她的身教影響了孩子，經常在危機和關鍵時刻挺身而出，為洪家的團結引領了方向。母親臨終前唯一不放心的是大哥。她要我親口對她說，我會照顧大哥，她才放心離去。我有一名顧家愛孩子的好父親，父親的愛延伸到身邊的親朋好友，他沒有遺忘潮州老家的鄉親。在物質匱乏的年代，他不辭勞苦把一大卡車的衣物和日用品，千里迢迢從新加坡運回潮州家鄉。

往事悠悠，悄然而逝；時間劃過了記憶的年輪，歲月悄然添抹一筆滄桑。我的父親洪才潤於 2022 年 7 月 14 日往生，享壽 97 歲。母親曾雪雯於 2011 年 12 月 23 日因腎衰竭病逝，享年 84 歲。母親臨終前唯一不放心的是大哥。她要聽到我親口對她説，我會照顧大哥，她才放心離去。

母親在中國生下了大哥，母子相依為命在鄉下生活了 7 年，建立了深厚感情。之後母親帶著大哥乘搭紅頭船，漂洋過海到新加坡與父親團聚。那時航海技術並不發達，船上條件惡劣加上風浪大，不少人撑不到上岸就染病逝世。

母親 35 歲後得了糖尿病。因插針孔手臂會出現大片瘀青，母親不想受苦而婉拒洗腎。當母親走到人生的最後階段，我們帶她去檢查，發現她的臉部浮腫，即刻送到醫院的緊急部門，確定是腎臟出了問題，她依然堅決不肯洗腎。母親的腎臟逐漸衰竭，彌留之際大哥來到媽媽的病榻前流淚。我很少見到經歷大風大浪的大哥如此傷心，母子情深的一幕迄今仍歷歷在目。

母親與大哥的感情最好，她總是維護大哥。縱然大哥做錯了，母親也會毫無保留地原諒與支援他；因此我對媽媽説，請您放心走，我會照顧大哥的。媽媽留醫 4 天後就離世了，子孫們都在病榻前陪她走完人生最後一程。

父親是因為前列腺癌在家中過世的，彌留之際家人都在床沿。父親已在伊莉莎白醫院留醫多日，由於他之前已明確表明不要插管，我於是果斷要求醫生讓父親回家終老。當時父親已陷入昏迷，送回家裡約一個小時 45 分鐘就離世了。

四代同堂

　　早年我們住在阿裕尼一間二房式的租賃組屋。照顧洪家兄妹成長的關鍵人物，除了父母外，還包括我們的曾祖母葉蓮好，孩子們都叫她老嫲。她老人家出生在1891年，直到1990年逝世，享年99歲。

　　母親接連生下幾名小孩，就把老嫲從中國接到新加坡居住。父母白天忙碌地擺生意，童年的洪家兄妹由老嫲協助照料。老嫲每天很早起床煮早餐給孩子們吃，母親不忍心見她老人家起早貪黑，於是買了保溫瓶，晚上煮好粥後，裝在瓶裡隔早吃。若干年後，弟妹仍記得保溫瓶裡黏稠到像漿糊一樣的粥，點點滴滴都承載了滿滿的童年回憶。

我性格外向，從小就朋友滿天下。（右二是我）

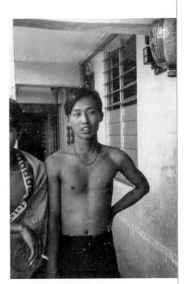

舊居門外留影

老嫲曾祖母葉蓮好

情牽老嫲

同老嫲共處在這麼一個小小房間，是我們人生中難忘的一段回憶。家裡空間小，男丁白天總往外跑，對曾祖母的印象清晰。我記得她的嗓門很大，丹田氣足，聲音洪亮，還是娃娃音。老嫲擅長烹飪，其中一道拿手好菜是滷雞翅尖。她很照顧我們，雖然不喜歡她約束我們的行動，但最後卻非常感激她。我們記得老嫲喜歡吃魚頭，松魚頭是她的最愛。日治時期她發願一家平安，從此就不再吃雞鴨了。

除了地道潮州話，老嫲還會說粵語。我們從小就跟她學習方言。她年齡雖大，看報紙從不必戴老花眼鏡。每當有人打電話來，外人總以為她是小女孩。有一次朋友打電話找妹妹，是老嫲接聽，友人問：剛才那位是你的妹妹呀？90歲的老嫲還有一把小女孩的娃娃音，當場把大家都樂壞了！

崇拜大俠

老嫲特別好學。她經常看電視、閱讀報章新聞，第一時間獲取許多娛樂八卦，也懂得很多明星的小道消息。她最先收到謝賢迎娶甄珍的娛樂頭條，也告訴我王羽（她念成「王子」）又有什麼新片上映；有一次小妹爬

我今天仍不忘初心，珍藏著半個世紀前，王羽主演的電影海報。

偶像王羽也演過文藝片

當年和林翠離婚，轟動一時。

上我的上鋪床，發現我收藏了大疊王羽的照片，有大俠、獨臂刀造型，簡直就是一個江湖！我著迷王羽的舉動深深烙印在小妹腦海裡。

當年迷王羽，原因是我喜歡英雄。王羽在李小龍之前已走紅，他的形象特別，很有英雄氣概、人也長得帥，充滿俠義精神，是我喜歡的明星類型。王羽賣座的電影有《金燕子》、《獨臂刀》、《獨臂刀王》、《斷腸劍》等。朋友都說我的為人談吐，向來有股俠義之風，我想可能是從小耳濡目染所致吧。

劉家昌迷

笑看風雲是我的人生寫照。我對青少年時期崇拜的偶像非常忠誠，沒有隨時間的流逝而動搖過，對自己喜歡的人與物也始終如一。譬如音樂大師劉家昌，他是我青少年時期的偶像，這種赤子之心到了今天仍沒有改變。劉家昌多年前在香港開演唱會時，我特地飛赴香港捧偶像的場。

劉家昌是我青春歲月的
另一名偶像

劉家昌創辦的龍虎山藝術村

劉家昌老師是那個時代的一個傳奇。有樂壇「鬼才大師」稱號的劉老師創作的歌曲,深深影響了當代華人。對自己喜歡的青春偶像,我不忘初心、從一而終,是一段永遠甜蜜與溫馨的回憶。劉老師的經典歌曲〈霧〉、〈一簾幽夢〉最令我著迷。少年情懷的我,聽的是卡帶,每晚躺在雙鋪床的上鋪聽歌,深深愛上了如夢似幻的旋律。我對劉家昌的著迷,也間接影響到弟妹,他們也開始喜歡上劉老師的歌曲。

我專程飛赴香港觀賞劉老師的演唱會。當時我並不認識他,卻甘願冒著天寒地凍的冷天氣在場外守候,一直等到凌晨一時,為的是一睹本尊的風采。後來蔡憶仁在新加坡主辦劉家昌演唱會,我終於通過他結交了偶像。我專程飛赴中國江西龍虎山華泉藝術村探望劉老師,對那裡的藝術家工作室、美術館、音樂館留下了深刻印象。

華泉小村裡還可以體驗藝術村藝術家的氣息,讓人享受真正的佛系生活。劉老師是臺灣流行音樂早期創作人,他創作的作品至今仍在全球華人地區傳唱。劉文正、尤雅、甄妮、鳳飛飛、費玉清等天王級歌手都師從於他。

自從認識劉老師後,我與他成為了朋友,我和兩位朋友在龍虎山買了一間房子,就在劉老師隔壁。與劉老師的相識,建立了歌迷與偶像的情誼。當年對他的痴迷可說是到了瘋狂的程度,如今卻能成為偶像的鄰居,這應該是緣分的安排,感覺太奇妙了。

父親篇章

父親年輕時在潮汕家鄉,開了一家小商店做生意,專門提供協助新人籌備婚禮所需的服務。爸爸當年只有18歲,蠻有生意頭腦,然而他的性子急、脾氣暴躁、容易輕信旁人,不擅理財等缺點,成了他事業路上的絆腳

石。南來新加坡後,父親最早在阿裕尼開店售賣平價貨,生意雖好卻賺不到錢。為什麼呢?原來當時的錢就隨意放在一個小桶裡。媽媽曾提醒父親,你的錢如果繼續這麼放,會不斷被人偷走的;但父親始終不以為意。他不願相信自己請的人,會如此沒良心把他的錢偷走,還振振有詞說用人不疑。

夫唱婦隨

連妻子的忠告也不願採信,苦果終於降臨,最後到了捉襟見肘的困境,一家人的生活頓時陷入了困難。母親逼於無奈,主動提議外出工作幫補家用。父親舊思想愛面子,認為女人不可拋頭露面,會讓他很沒有面子,開始時堅決反對。然而最終無計可施下,他勉強同意讓媽媽擺地攤售賣女人內衣,從此我們的生活就大大改善了。

父親非常重視孩子的品德塑造,只要不做錯事,不學壞,不超越他容忍的底線,一切相安無事。每逢星期天,父親一定與孩子們修剪手指甲,準備隔天上學。記得有一次,父親叫我去剪頭髮。當時披頭士[注1]風氣盛行,年輕男子紛紛蓄長髮追求時髦。我走在時代尖端,到理髮店只是簡單地修了修,不捨得把頭髮剪短。父親見我留長髮,擔心我學壞,一見到我即刻大聲吆喝,抽出皮帶作狀要打我,聲浪大到把小妹都嚇壞了。父親是個非常嚴厲的人,他認為你做錯了事,他會生氣,並毫不猶豫地教訓你。

注1 披頭士:The Beatles,披頭四,60年代風靡全球的英國搖滾樂隊。

門後藏棍

有父母同在，讓我們的童年生活過得非常開心與幸福，我們感恩上天的賜福。我們家大門一年到頭夜不閉戶，我們對這裡的治安有絕對信心。但在 60 年代發生的種族暴亂期間，父親不敢掉以輕心。住家沖涼房門後藏了多根木棍，就是父親未雨綢繆，必要時用來保護孩子安全的「自衛武器」。

小妹淑娟自幼身體羸弱，每個月都得定期看中醫吃藥。弱不禁風楚楚可憐，也特別得到父親的憐愛。淑娟喜歡父親回家，每一次到家的瞬間就意味著有新的玩具。父親因擺地攤生活忙碌，偶爾才有空牽孩子的手下樓散步；一年到頭只有農曆新年才有休假日，父親就會趁難得的假期帶孩子們到繁華世界、新世界遊樂場遊玩。這些童年的歡樂時光，深刻烙印在孩子們的腦海裡。

期盼雨天

小妹淑娟很喜歡下雨。如果是雨天，父母不能去夜市擺攤，而父親也難得有半天的休息日，他會躺在床上講故事給妹妹聽。小妹撒嬌說想養一隻猴子，父親說：「好呀，猴子會看門。」小妹說要一匹馬，老爸就說，他會放在一個小小的信封寄給她。天真爛漫的小妹信以為真，偶爾會守在信箱前等待馬兒的出現。童真與父愛的互動，譜寫出感人的家庭溫馨。孩子們渴望牽著父親的手，但印象中的爸爸總是為了生計忙忙碌碌，白天在家的時間比較少。

有一次，父親責罵了小妹。當時小妹正在等電梯，見到一名馬來鄰居慶祝開齋節，顯得非常開心，小妹無意間說了句：「他們沒有拿紅包。」

爸聽後非常生氣，責備小妹如果沒有親眼見到，就不能亂說，隨便胡扯等於是撒謊。父親的嚴厲批評，令小妹非常傷心，那是父親唯一的一次責罵小妹。

當第一個女兒大妹淑君出生後，父親非常開心，對女兒疼愛有加。母親擔心如此下去會被父親寵壞，決定再生一個，於是有了小妹淑娟。小妹說這是媽媽親口告訴她的，感覺能在充滿愛的洪家出生和成長，是件幸福而感恩的事。

節儉持家

父親愛惜每一個孩子。清晨5點起床，若需要孩子協助，他一定會先找一個地方讓孩子們吃飽。我們經常去大成附近的食肆，點了很多好料飽餐一頓後再出發。同樣收攤後，父親也會犒勞孩子，讓大家吃飽後再回家。父親晚上回家後還忙碌製作香粉到凌晨一、兩點鐘，而隔天凌晨4點又要爬起床，周而復始一天的工作，辛苦程度實非筆墨所能形容。

晚上收攤後父母常去芽籠的小巷吃廣東人的點心，這是孩子們的歡樂時光；尤其是那超級好吃的蒸排骨，若干年後仍回味無窮。但那個令人魂牽夢繞的攤位早已消失無蹤，聽說是老闆好賭欠債跑路。

孩子多家庭開銷大，母親連1角錢一碗的老鼠粉（米苔目）也不捨得吃，寧願自己餓肚子。有一次媽媽推著手推車，為了撿掉在地上的銀角，被路過的汽車司機破口大罵：「你不要命了嗎？」童年生活雖不富裕，但也絕不匱乏，父母將所賺的錢全數花在孩子們身上；他們沒有儲蓄，經常說夠吃就好。我們能擁有平凡卻偉大的父母，永遠心存感激。

見財化水

爸爸曾中萬字票頭獎，一覺醒來卻發現票據不見了！他並沒有大吵大鬧，也沒有怨天尤人，只是默默地到處尋覓票據的蹤跡。在 40 年前，這筆頭獎獎金足夠買一間排屋了。票據遺失，父親卻能處之泰然，孩子們都對他的淡定感到驚訝。

最終奇跡並沒有出現，票據就這樣不翼而飛，我們全家人都為之心疼。童年住在阿裕尼租賃組屋，大門從來不關閉的。父親之前有到過二樓向鄰居借電話打給朋友，告訴對方中馬票的事，難道是這樣隔牆有耳，走漏了風聲？票據隔天就不見了，到底為什麼會不見？是不小心丟失？還是被人偷走？當時我們都相當納悶。

分享快樂

據説，馬票中獎一段時間後若沒有人領獎，當局會把獎金捐出做善事。最終會捐給慈善機構，幫助有需要的人，也讓爸爸感到釋懷吧。

買馬票是父親的愛好，到了老年仍樂此不疲。中頭獎領不到獎金的事，並沒有打擊他再買萬字票的熱忱。他期待中獎的喜悅，希望把喜悅帶給家人。有一次，父親又中了獎，十萬火急打電話通知小妹帶他去領獎。當時小妹仍在工作，急性子的爸爸電話來了，像催命符般催促小妹。小妹回憶説，一般被老爸點名的人，必須馬上出現在他的面前，否則「奪命電話」會一直響不停。

妹妹調侃自己隨傳隨到的性格，與老爸維持很好的關係。她樂於陪伴父親去領獎，與他一同分享中獎的喜悅。開始時她還以為父親中了很多獎

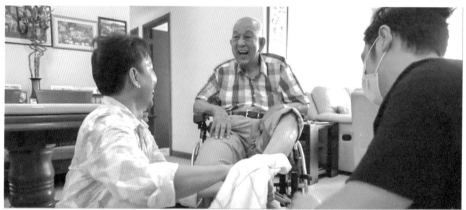

能盡心盡力照顧好父親，是我最大的幸福。

金，一問之下原來只中了1萬5000元。父親還特地為這筆獎金開了個銀行戶口把錢存好。

午夜香粉

父親「發明」了香粉，親自動手製作，說明他是一名有能力探知市場需求、有生意頭腦的人。其操作過程如下：孩子們跟隨父親到買賣舊貨的雜貨商，收購空的爽身粉塑膠罐。買回家後撬開膠罐的蓋子，清洗乾淨並晾乾。父親到水仙門附近買香精後，也順道買無味的爽身粉，然後回家調配。父親通常在午夜「開工」，先取一個小孩沖涼的鋁盆，把爽身粉倒入再加香精攪拌。香粉做好後裝入膠罐，隔天拿到巴剎售賣。那個年代香粉有需求，加上沒有人曉得如何製作，沒有競爭者，因此生意特別好。父親肯下本錢購買最好的原料，加上他的嗅覺很靈敏，知道哪一種粉配搭哪一種香水最完美，香粉自然受到消費者的追捧了。

每天忙碌到半夜一、兩點鐘才能上床就寢，感覺父親為了一家十口受累。他就像一棵挺拔的參天大樹，為家人鑄成了最堅實的堡壘。我經常躺在母親身旁，陪伴著父親調製香粉，我隱約能感受到父親嚴厲的背後，隱藏著無私不求回報的父愛，這些經歷都是不能忘懷的。

我的性格好動外向，年輕時思想前衛，裝扮也走在時代的尖端。大哥則是威嚴型的，經常不苟言笑，我們都叫他「毛澤東派」。有一次小妹見到她的補習老師，突然站起身來高聲叫喊，當場被大哥打了一記耳光。大哥年輕時脾氣很壞，他睡覺時我們得輕步細語，不得吵醒他。我們從小不能唱流行歌曲，大哥認為幼小的心靈會被靡靡之音荼毒。

笑臉迎人

親情感化

　　爸爸對媽媽的態度向來嚴厲，對孩子反而和顏悅色。若媽媽逆他的意，他會馬上顯露出一臉的不高興，頻説「你不會、你不懂的」，等我們長大後方知這是典型的大男人主義。有一次弟弟妹妹禁不住勸父親説：「爸爸你不要這樣，媽媽給你意見，你可以聽，你可以不接受的，不要她每次講話，你都生氣。」後來，父親對母親的態度果然好多了。對一名生性倔強的老人來説，這種發乎內心的轉變，是源自於被強烈的親情所感化吧。

陪父散步

　　父親在75歲時，動了膝蓋手術，之後20年一直與輪椅為伴。爸爸健在時，我經常陪他吃早餐。有時他沒胃口，也會在一旁看著我吃。他喜歡我的陪伴。

父親喜歡寫字，經常露兩手。

我每周多次陪父親散步

有此乖巧孫兒，足矣。　　　　　　　　財神爺獻上溫暖的擁抱

　　一個星期總有幾天，上午若沒有要事，我會推著輪椅，帶父親到泳池邊散步。下樓散步對父親的健康有好處。他可以和路過的鄰居打招呼，看著嬉笑玩耍、天真活潑的小孩，心情也自然開朗。有時候，我會推著輪椅繞泳池旁散步，享受著溫暖的陽光。

　　父親手臂關節疼痛，我鼓勵他多做甩手運動，對保持雙手靈活有幫助。每次將手臂抬起，會帶來劇烈疼痛。我會建議他慢慢抬起來，一步步再試用點力；雖然痛，他依然會照我的話去做。

　　我自己爭取時間，做些快步走運動，轉一圈約 400 多步的距離。每當我走一圈回來，父親一看到我，馬上忍著疼痛將雙臂舉起，當我走過去後，他如釋重負般把手放下來。當我再走一圈回來，父親又把手臂抬起，感覺像個小孩，挺可愛，卻也觸動了我內心的悲痛。父親知道我疼他，願意聽我的話，強忍著痛楚活動筋骨；這種自然流露的父子情，我感覺非常溫馨，也讓我永遠難忘。

長壽秘訣

　　父親小時候沒有機會念書，卻愛上吟詩，喜歡寫字。我曾把他作詩的情景，拍成錄像帶，讓後輩欣賞並留著紀念。老人家有兒子陪伴，心情愉悅，開心時詩興大起，提筆疾書；樂天派的個性，是父親長壽的原因之一。

醫生稱讚

　　父親坐輪椅超過20年，我全力以赴照顧他。父親因年紀大，得了多種老人病；為減輕負擔，我與弟妹們商量好，我負責帶父親看病複診，弟妹則負責帶母親。

　　在照顧父母的過程中，讓我領悟到，孝道並不是富人的專利。經濟寬裕自然可以過得更好些，但小康之家一樣可以把父母照顧好。

　　我覺得家庭團結非常重要。假如你有三、四名兄弟姐妹，大家可以分擔，家庭團結問題很容易得以解決的。錢大家分擔，手頭緊就出少一些。重要的是，大家必須有一顆愛父母的心。新加坡的醫療系統完善，老人最需要的是關懷，我們日常生活中，應該多一點關心老人，這是孝道的根本。

　　照顧父親的這些年來，教我養成對老人的細心，也讓我培養起如何與醫生密切溝通，以便更好照顧父親的習慣。爸爸到了人生後期，前列腺和心臟都出了問題。那時我感覺到父親非常辛苦，他辛苦我也緊張。前列腺癌折磨了他十多年，到了後期已病入膏肓。

　　80多歲時檢查出患上前列腺癌，由於父親年事已高，在醫生的建議下，我們怕他有太大痛苦，避開電療與化療，而採取不讓癌細胞擴散的治療方式，估計可以多活一段時間。我帶父親進行更緊密的檢查，如此過了

十多年。直到後期癌細胞發作，過世前兩年一直打針，傷口流血，病人很痛苦，家人也憂心。

我們都知道，父親的病是無法治癒的，只能靠打針來控制病情。頻密的造訪醫生，我與前列腺醫生變得熟絡起來。他目睹我如此細心照顧父親，有次有感而發說：「如果我的兒子，有一個可以像你一樣，我就滿足了！」

父親也有心臟問題。在父親去世的前兩年，我把他在中央醫院 20 多年的病歷，移交給伊莉莎白醫院的專科醫生。這家私人醫院的心臟科醫生，說我是位大孝子，感謝兩位專科醫生鼓勵了我。

我看過很多的醫生，上述兩人是典型的良醫。他們見過形形色色的病人和家屬，對世態炎涼、人心不古有深刻的體會；兩位名醫對我的評價與肯定，我銘記在心。我盡心盡力、細心照顧父親，是想為自己的後代樹立一個榜樣。我相信自己的身體力行，能起到一個潛移默化的示範作用。

拔管抉擇

佛光山妙穆法師分享了一段經歷：當我的父親在醫院插管彌留之際，我曾打電話給妙穆法師，她說她身在泰國。當我確定法師歸國的日期後，我在法師回來的前一天，囑咐醫院為病人拔

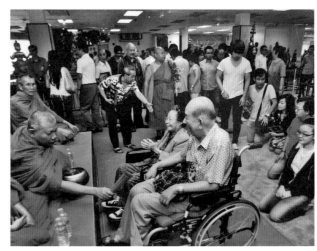

父母接受高僧祈福

管，不再讓父親承受沒有必要的痛苦。妙穆法師在父親的喪禮上，為爸爸誦經超度。

對一般人來說，為親人拔管是痛苦的決定。我當時對妙穆法師說：「我沒有理由繼續花這麼多的錢，去延續一個沒有意識的生命，讓我的父親繼續受苦。」

妙穆法師認為，在決定父親拔管這件事上，我不是不孝，而是大孝[注2]。花錢給病人延續多幾天的生命，只是讓他更痛苦而已。我不願意讓父親再痛苦了，因此是很有智慧的決定。

在父親神智仍清醒時，我告訴父親說，我們都不要再承受沒有必要的痛苦，我跟他解釋《放棄急救同意書》，我當時與父親同時簽下這份協議，意味著今後我將追隨其後。

果勇大孝

醫院在父親彌留之際為他插管。醫生說父親還有生命跡象，必須搶救。我當時反問醫生，倘若現在你把病人的管拔了，他會活過來嗎？醫生說不會。我說既然不會，為什麼你要給病人插管呢？不是錢的問題，而是不要再讓病人繼續受苦了。兄弟姐妹在這件事上聽從我，由我全權作主。勇於接受自然死亡，協助父親得以善終，是果勇[注3]的擔當。

與父親最後相處的點點滴滴，有許多感動人心的事蹟，我覺得有意義把它記錄下來，以作為後代培養更大孝心的啟發。

[注2] 大孝：生理上的贍養父母為小孝；在精神上光宗耀祖是中孝；能夠把自己修行的道業迴向給父母是大孝。
[注3] 果勇：果斷勇敢。

母親篇章

母親是家裡的頂梁柱，她的身教影響了孩子，經常在危機和關鍵時刻挺身而出，為洪家的團結引領了方向。當孩子還小時，母親經常買最好的食材，做最好的美食給孩子果腹。芫荽、蔥花、冬菜入菜，早晚演繹出各式各樣的傳統潮汕美味。母親終日忙碌、就是為了讓孩子們餐餐溫飽、吃得好。有時一天做生意賺了20元，母親可以買30元的食材煮飯給孩子吃。新鮮的豬肝、豬腎等最優質的食材，炮製出母親最拿手的美饌。一條20元的鯧魚她也照買不誤，出手絕不手軟。潮州蒸魚出爐時散發出令人難以抗拒的香氣，爐火興旺是洪家團結一致的幸福泉源。

水滷鴨飄香

母親白天到住家附近的圓環小檔口擺攤，位置是固定的，而父親的攤位則是流動的，通常在離住家

母親與青春歲月的我

母親與家鄉親人，有說不完的話題。

帶孫子郊遊，媽媽拍照留念。

較遠的地方做生意。媽媽每天收攤後會買菜回家煮飯給孩子們吃。父親回家小睡一會後，下午4點多鐘又要準備出發去夜市擺攤了。如果地點是在裕廊，收攤回返家門已接近午夜。

　　我懷念媽媽親手製作的滷鴨。童年一家人住在阿裕尼組屋4樓。每當回家上樓，在樓梯口就能嗅到陣陣的滷鴨醬香；媽媽的味道深植入腦海，如今仍讓我魂牽夢繞，念念不忘。

　　滷鴨製作工序繁瑣，要塞各種香料入鴨肚，火候也得掌控得恰到好處，非常考究功夫。滷鴨出爐時大家都很喜歡吃，到今天我仍十分懷念母親的滷鴨。

　　如今一般的潮州餐館，再也吃不到古早味的傳統滷鴨了。媽媽過世後，有一次我回到潮安老家，無意中嗅到鄉親們烹煮滷鴨，赫然察覺那陣久違的飄香，竟與母親的處方一模一樣。我才恍然大悟，原來母親採用的，是老家的秘方哦！媽媽生前有告訴我們怎麼做，但遺憾的是，我始終沒有學會。

我問長輩，如何煮出家鄉味滷鴨？長輩二話不說，盛意拳拳替我準備了一大包的香料，有八角、南薑、丁香、桂皮等，我把材料帶回新加坡，但仍無法煮出孩提時記憶的古早味道。

潛移默化

媽媽為人和善，也樂於助人。她經常說，吃虧一點不要緊的，不要去害別人，也不要貪小便宜，這種身教對孩子們的影響很大。別人缺錢，她會標銀會（標會）幫助人，朋友店租三個月沒錢還，媽媽也標會籌措 50 元幫人。那人得到幫助後卻一直沒有還錢，等到我們搬去排屋居住，他才姍姍來遲還債。媽媽常說，別人是有困難才向你開口借錢，當你把錢借出去時就不要指望別人會還錢。因媽媽也常常向老姨借錢，當家裡缺錢時，但都有借有還。有時家裡急用時也會向林振南伯伯借錢，我也心存感恩，到現在也有和恩人後代保持聯繫。母親心地善良，她喜歡見到別人快樂，她就很開心。

我小時是過動兒，媽媽沒念過多少書，但她的每一句話、每一個行動都影響了我。她經常對我說：「坤啊，你不好學歹哦。」我可以感受到媽媽真正的關心我。母親待人接物、為人處事之道，她的身教引導了我，深深影響了我的一生。

在孩子們心中，媽媽是一名有智慧的婦女。洪家曾經歷各種大小磨難，經常在無路可走的情況下，母親總會審視大局，在關鍵時刻挺身而出，為我們指引方向。

外婆賣地

　　媽媽告訴我們，外婆在家鄉賣掉了兩塊地，才籌到足夠的錢，讓父親於49年乘船南來新加坡打拚。知恩圖報的父親，感恩家鄉的親人，也特別疼惜我的外婆。6、70年代，當時父親一有餘錢，我們家的走廊外就會堆積起好些準備寄往中國，接濟老鄉的各種物品，包括外套、衣服、嶄新針車、日常用品等等。父母重視飲水思源，他們每一年都回鄉省親。過去中國鄉下比較窮困，父母慷慨解囊的濃濃鄉情也影響了我。他們如何善待自己的親人、同鄉，也給了我們後輩一個良好的榜樣。在最近的這十年，我幾乎每年都回潮安。

人去樓空

　　紅沙厘[注4]連成一排的五棟洋房，是雙魚集團高光時刻的產物，它見證了洪家兄弟團結一心共創偉業的「戰果」。然而，曾經的雙魚巔峰時的「戰利品」，曾經的承載的繁華、碩果盛開的「吃風厝」，如今卻化作江河日下的呢喃。法院一紙封條，宣告這個曾經紅極一時的百貨公司曲終人散。

瑪琳道一排相連洋房，
曾是洪家兄弟的舊居。

[注4] 紅沙厘：現在的寶龍崗花園。這一帶洋房林立，國人稱洋房作「吃風厝」或「紅毛厝」。

　　瑪琳道 Marlene Ave 黃昏的地平線，鏡頭定格在籬笆外相連的半獨立洋房，這是我和三弟一人一半為鄰，住了將近十年的半獨立洋房。屋契雖是我名下，但事實上早已不屬於我的了。我在銀行採取封屋行動前已提前搬走，遠離這個傷心地。

一生難忘

　　偌大的空屋，荒蕪的庭院，高聳的雜草在微風的吹拂下無助搖曳；老樹上傳來陣陣鴉叫聲，告示在外打拚一天的落幕，該返家共享天倫了；垂垂老矣的父母與大妹淑君同住，他們即將被迫搬離這裡。

　　坐在庭院中的母親，陷入了沉思。良久，從她嘴裡緩緩的吐出的一縷青煙，煙圈在夕陽的照耀下飛舞，讓人回望過往歷歷在目的片段，空氣瞬間凝固了……。我自遠方歸來探望母親，目睹永生難忘的一幕，已深深烙印在我的腦海裡。

　　此時此刻劃破天際、此起彼落的鴉叫聲，聽起來是多麼的刺耳與辛酸。母親在紅沙厘與孩子們住了整整 10 年，當她眺望隔壁庭院這片破敗景象，相信再也沒有什麼詞彙，更能貼切地形容她老人家內心的感受了。面對雙魚的驟變，母親曾說大哥沒有選擇輕生已讓她感到欣慰。雙魚從事業高峰跌了下來，從前跑地牛到雙魚高峰所賺到的錢全部化為烏有。破產後一無所有，媽媽遭遇的沉重打擊可想而知。母親目睹兩幢半獨立洋房被清空，三間排屋她留守到最後才搬離，她的心傷得有多重？內心的辛酸又有誰知曉？

兄弟同心

為什麼會有一整排五幢的「吃風厝」？當年雙魚賺到錢後，從88年開始，大哥花了兩、三年的時間，分批買下紅沙厘瑪琳道五間相連的有地住宅。名下的屋主包括：我、三弟振銘，我們一人一幢半獨立洋房，另外四弟振鵬、五弟振祥、未出嫁如今已過世的妹妹淑君（同父母同住），他們三人名下，每人一間排屋。小妹淑娟後來自己出資買下後面的排屋，實現了洪家同一屋簷下的「大團圓」。當時五幢相連的「吃風厝」，錘實了雙魚從地攤走向大富大貴，見證洪家兄弟同心其利斷金，有福同享的豪情與光輝。

我和弟妹從不理錢，生意上所有的錢都交由大哥保管和支配。弟妹都信任大哥。我們堅信賺到錢後，大哥會為洪家兵團所有人的利益著想；就像買洋房和汽車，一買就全部兄弟都有。當時大哥說是時候買洋房給我們兄弟姐妹了，大家於是毫無異議、且高興地接受了。

房子當抵押品給大哥向銀行借錢，當雙魚被司法管理時，五幢洋房全被充公。整排洋房被充公後，洪家兄弟此後各奔東西，父母親搬回實籠崗的政府組屋，而我也搬到勿洛組屋。

大哥——地攤稱王

大哥在洪家兄弟青少年期，扮演著舉足輕重的角色。他是家裡最重要的經濟梁柱，是他一手帶領洪家兵團從平凡走向輝煌。妹妹回憶說，她17歲時特地與姐姐結伴，找了一名據說相當靈驗的老婆婆看《三世書》算命。《三世書》是傳說中一本推演問者的前世、今生及來世命緣的算命奇書，相傳起源於佛教的《三世因果經》。

平地風波

　　姐妹倆不算自己的命，反倒熱衷替大哥批命。算命老婆婆當時預言：「你大哥42歲時平地起風波！」姐妹回家後把預言告訴大家，母親批評女兒迷信，不該潑大哥冷水，大家當時也沒有把「警告」放在心上。直到多年以後大哥破產了，母親才幽幽地說，早知道聽你們的。父母為人忠厚老實，大哥早期的竹腳店交給父母親打理，晚上父母就住在店的二樓。他們一心為大哥著想，每次大哥到店裡，父母扣除家用後，把剩下的所有盈餘全數交給大哥。父母親在世時曾感歎，早知「平地起風波」會應驗，當初就應該把部分錢儲蓄起來了。

母親打理小印度竹腳店，邊做生意邊接電話。

有「地攤大王」暱稱的大哥，早年經常買《小熊請客》童話故事書給弟妹閱讀。他當時崇拜中國，對毛澤東十分著迷。喜歡集郵的他，集郵簿裡的珍藏的全是毛的肖像。爸爸擔心招惹麻煩，悄悄把兩、三本集郵簿丟進垃圾桶裡。由於家裡空間太小，孩子們白天全往外跑。有的抓蜘蛛、有的打彈珠，男孩子玩在一起，唯有小妹最孤獨，經常跑去找鄰居玩洋娃娃、家家酒打發時間。

首買電視

73 年搬離阿裕尼租賃組屋，洪家直接「升級」到有地住宅，住進巴耶利峇大慶花園附近的租賃排屋。當時排屋樓上住人，樓下充當貨倉。洪家的經濟開始好轉，第一次購買德國德律風根的電視機。當時買電視機可說是大件事，是令人羨慕的奢侈品。我們開始欣賞到香港不少家喻戶曉的經典電視劇集，為我們的青春歲月留下許多美好與珍貴的回憶。由於利用排屋充當貨倉是違法的，遭人投訴在所難免，之後像玩捉迷藏般，弟妹又搬到布萊德路另一間面積更大的排屋居住。

商住兩用

80 年代初，雙魚開始投標鄰里組屋區的租賃店鋪。這些店鋪一大特色是樓上可以當住家，這種商住兩用的模式，也順帶解決了困擾已久的貨倉問題。80 年初宏茂橋大牌 338 的第一間店屋，大哥與大嫂當時就住店二樓。到了第二間竹腳店，大哥安排父母親管理，也住在店屋樓上。當時的做法是，什麼人看店那人就住店的二樓。18 歲的小妹負責金文泰店，也順理成

章住在店樓上了。父母親 80 年代打理竹腳店，到 88 年入住「紅沙厘」洋房後，父母親正式退休了，竹腳店也轉租給別人經營。

周遊列國

當初雙魚事業有成，大嫂每年都帶父母親出國旅行。他們去過很多國家，包括：荷蘭、英國、瑞士，足跡踏遍世界多個角落，生活寫意。母親一生勤儉，處處體恤旁人；由於上下大巴需人攙扶，為避免整團人經常等她，60 歲起不再參加旅行團，就是不想給人增添麻煩。她從不吃人參進補，偶爾吃點燕窩滋陰補腎。媽媽不參加旅行團後，我便帶媽媽上郵輪，或回潮州老家探親。父母晚年經常回返浮洋鎮洪厝內，母親最思念她的妹妹。

大哥說他的性格像父親，脾氣暴躁，但大哥說他的脾氣比父親好一點，壞脾氣沒有顯露出來。父親到了晚年由我照顧。大哥說他沒有這個能力。

父子同遊

父母在澳門大三巴牌坊前留影

雲頂高原酒店外合影

父親50歲起已有老人病了，先是得了遺傳性糖尿病，後來肝臟不好，高血壓、前列腺腫大、後期動了心臟和膝蓋手術，青光眼得長期滴眼藥水。

為醫治父親，我跑遍了新加坡多家醫院的專科診所，包括中央醫院心臟科、伊莉莎白醫院前列腺專科、伊莉莎白糖尿病專科、鷹閣醫院肝臟專科、東陵眼科專科等，晚年父親的健康很需要家人的細心照顧。

弟妹們各有自己的家庭要照顧，生活也忙碌，因此父母就由我義不容辭照料。洪家聚會時常說，大家慶幸生長在這個家庭。父母晚年時身體仍健壯，還能到處走動。例行的身體檢查大多數由我帶父親，弟弟振鵬負責帶媽媽。我們全心全意照顧父母。小妹說在眾多兄弟姐妹當中，我是有智慧，有眼光，看人也相當銳利的人。我做事善用頭腦，不是撞到南牆才如夢初醒的那類人，弟妹打從內心佩服我，我也心存感恩。

樓上樓下

我一直盡心盡力照顧晚年的父母。我住在馬林百列一帶的公寓,另外買了一個環境清幽的單位給雙親養老,父母與我那未婚但早逝的妹妹淑君(她在 2010 年 3 月 9 日因病逝世)同住。房子就在我家樓下,方便我照顧他們。我深感責任重大,每當我伺候父親服藥時,因藥丸種類實在太多了,我深恐弄錯而倍感忐忑。10 多年來照顧父親不是我一個人在做,母親和弟妹也幫了很大的忙,後期父親病重,妹妹也過來協助我照顧。

起心動念皆是因,當下所受皆是果。當初我被雙魚驅逐變得一無所有,我逼於無奈勇往直前;我必須感恩大哥,他當時的做法逼迫我須做一名好人。我必須站穩立場,不能迷信,不能偏執。如今的我甚至有能力做慈善,大哥的功勞最大。曾經以為刻骨銘心的痛,看著看著就淡了,我對大哥已完全沒有了怨氣;是他造就了我,這是我的真心話。我必須由衷對他說聲:感恩,謝謝!

大哥入院

母親過世後,我每天上午會陪父親吃早餐。每逢星期六,兄弟姐妹都會來探望父親,大夥濟濟一堂。大哥較少出席聚會,因此與家人的感情比較生疏。大哥的身體機能最近開始退化,走路無力。2023 年初他意外跌倒暈了過去,所幸他的兒子和兩名朋友及時送他到國大醫院搶救,後來發現肝臟流膿,情況一度危急。醫生說大哥出院

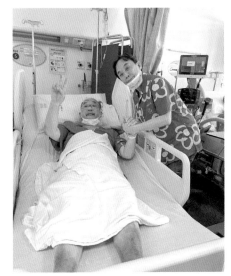

我到醫院慰問病榻上的大哥

後得去康復療養院居住，繼續做物理治療，以逐漸恢復雙腳的機能，但過程是漫長且艱辛的。不過大哥在醫院住了一段時間後，竟奇跡般康復回家休養，不必住進療養院。

與大哥感情甚篤的小妹經常去探望他。當我探望大哥時，也曾與侄兒商量若有必要住進療養院的事。我承諾將承擔大哥的全部費用，這是我血濃於水的付出及對媽媽的承諾。

三弟——樂天一派

三弟振銘忠厚老實、性格單純。勤勞是他的標籤，沒有雜念，是一名做完工下班後，直接回家的顧家好男人。自嘲年少時不是讀書的料子，下課後直接搭巴士去夜市擺地攤。雙魚破產後他在我的公司myCK任職。三弟從不熱衷追逐金錢，你給他錢他也會以無功不受祿而拒絕。他這種無欲無求的樂天派性格，在任何時刻都比一般人快樂。

步入耳順之年，三弟每天仍堅持運動保健。對父母親晚年能得到良好照顧，包括生活費和醫藥費的龐大開支，三弟對我的無私付出表示感激。我創業後賺到了錢，在經濟上照顧父母綽綽有餘，但我希望手足們都能多出點力，多盡點孝心，與我一起共同負起照料父

三弟振銘（左起）、四弟振鵬、侄兒自奇。

母的責任。弟妹常說，他們非常感恩我過去細心照顧爸媽，我的付出讓他們的日子過得比較輕鬆。

在雙魚鼎盛期間，三弟也沒有從大哥那裡拿過額外一毛錢。他在紅沙厘的半獨立洋房，於雙魚破產後被充公也無怨無悔。三弟多年來只領基本工資，經常說夠吃夠用就非常滿足。三弟不熱衷出國旅遊，每天操勞的他，目的單純，只是為了養家餬口。

四弟──百萬佛像

四弟振鵬因購買了大批佛像，導致他負債累累，而再有第二次破產，也讓我煩惱不已。最後我付出了100萬元替他解圍脫困。事實上我清楚知道，若我盲目幫助，對大家都沒有好處。

四弟最終承認，買下大批的古董佛像，皆因佛像著迷所導致，如今已沒有回頭路。起初他找小妹幫忙，小妹義無反顧竭盡所能幫他，但最後仍束手無策，唯有找我出手。當四弟來找我時，我建議由我出資100萬元買下所有的佛像，我買下他的佛像，並不是要轉賣牟利，而是準備全部捐贈出去；四弟當時極度不願意，因為他的終極願望是開一間佛像博物館，他甚至希望我替他實現這個願望。

不切實際

接收了四弟這批古佛像，我還得想法子把它捐出去。因數量龐大，我把其中四尊玉佛捐給了日本的道場，其他仍在安排中。我承諾給他100萬元，分170個月還清，幫助生活開銷。

我再三叮嚀弟媳好好使用這些錢，照顧好這個家。弟媳對此深受感

動，並由衷感激我。她說感恩我幫了他們一家人。倘若沒有我的協助，她們一家的生活將陷入困境，而夫婦倆壓根兒也無法從勞動線上退下。四弟對我這次的幫助也表示感恩。他終於明白我過去語重心長的責備他，是在點醒他；他承認對一些事看得不夠透澈，如今暮然回首，已是年過半百兩鬢斑白的人了。四弟能承認自己做錯了事，能在家人面前說出感恩的話，我感到相當的寬慰。

四弟在紅山經營一間水果店。生意雖賺點生活費，但經常得搬運水果，動輒數十公斤的重物容易傷及筋骨，閃到腰更是家常便飯。我勸他們不應繼續從事只適合年輕歲月的工作。小妹向我反映四弟面對的經濟困難，我提出的百萬元方案，確實幫了四弟一家人。

卓順發（右）和四弟夫婦與佛像合影

四弟坦承體力已大不如前，搬貨雙腳時而會發抖。如今每月有了生活費，未來10多年生活可輕鬆許多，接下來半退休生活應是最理想的狀態。店鋪面積減半可節約租金，同時打發時間賺點零花錢，再也不必為生計而繼續苦惱。

佛像歸宿

我接收了四弟的一批佛像，目前存放在myCK的總部大廈。除4尊玉佛已捐贈日本一個道場外，仍有130多尊。有一次，我對好友卓順發説，想把這批佛像交託給他，希望他好好的去管理，譬如建一個佛像博物館，讓人瞭解佛教的意義。

我送到日本廟宇的玉佛像

順發兄一口答應，願承擔責任。當他第一次進入佛像貯藏室，感覺他充滿歡喜心，對四弟說了很多感人的話。他保證說一尊都不會變賣，並透露自己一生心願就是想開設佛像博物館。

設立展館

順發兄給我的印象是，他是一名對佛教極度尊重的善信，我因此才想到把這批佛像託付給他。雖然過程中遇到困難與挫折，但我們都以和平、善良、慈悲的心態來處理，目前過程都很順利，也很歡喜心。待芽籠路善濟大樓建好後，順發兄會找一些朋友，花一些時間，將擬議中的佛像博物館設立起來，世世代代讓後人去研究佛理、佛學，與佛的文化。

對這麼大的一批佛像，令順發兄想到了光明、善良、慈悲、奉獻。他形容這批佛像給他留下一個光明的人生經歷，也特別感激我和四弟，有如此大的心量，把這麼大的一個佛像寶藏資源，託付給他。對順發兄來說，這是一個無價之寶，他希望這項工作能順利完成，共襄盛舉。

待善濟新總部大廈的搬遷告一段落後，順發兄就開始落實佛像博物館，地點仍在尋覓中。順發兄曾捐獻過不少佛像，給一些著名的佛寺和機構，卻從未買賣過一尊。他認為佛像不應當成商品來買賣，這是一種尊重。我相信順發兄和四弟，這兩名志同道合的有緣人，會充滿歡喜心，共同攜手完成這項宏願！

姐妹情深

已故大妹淑君，立下了一個愛護家人的好榜樣。雙親健在時，每個星期六都在父母家舉行家庭聚會。與父母同住的大妹，義不容辭包辦一切伙

食；她自己下廚或預訂自助餐，全由她自掏腰包請客，每月的開銷竟多達 3000 多元。

　　大妹不止對家人慷慨，對侄兒侄女、同事、朋友，也一樣有情有義。有一次她的同學有困難，來到 Yokoso 向她借錢。對方一開口就是 8000 元，當時這筆錢數額是很大的，但大妹仍義無反顧借了，結果對方賴賬。有一次她搭計程車回家，將整疊塞在後褲袋的鈔票，遺留在車廂裡，等回到家時才發現。一般人肯定很心疼，會急著報警希望能尋回，但大妹卻平靜地說：「希望拿到這筆錢的人，是他急需要的，能幫助他度過難關。」

古道熱腸

　　大妹為人古道熱腸。她不會等對方開口，而會主動幫助身邊的人。她很疼小妹淑娟，兩姐妹結伴去旅行，大妹就像是小妹的御用攝影師和提款機。

　　小妹回憶說：「我只是看一眼，說了聲：姐姐美哦？順手放了回去，姐姐就立刻買給我了。」姐妹倆 30 多年前結伴到日本旅遊，那是小弟中了馬票，贊助妹妹去

少年不知愁滋味

日本旅行。旅途中大妹送了一套價值 200 多新元的睡衣給小妹，在當時是非常高昂的價格，也肯定這是一套品質很好的睡衣。小妹說她 20 多歲一直穿到今天，不久前完全損壞後才捨得丟棄。她感慨地說：「我像永遠長不大，姐姐永遠把我捧在手心裡。」

雙魚破產後，大妹發揮自己的專長，複製雙魚過去成功的模式，在烏節幸運商業中心開了一間服裝店，並以敏銳的眼光進行服裝採購，專門賣女性服裝，還用自己名字縮寫 SK 當招牌。經營了三、四年，生意非常好，把賺到錢買了房子。

大妹淑君於 2011 年 3 月 9 日病逝，終年 52 歲。

25 年前小妹淑娟（左起）、我、大妹淑君攝於日本。

人生感悟

印象中父母沒有體罰過我們。唯有一次母親受不了，只是以藤鞭嚇唬妹妹。還有一次是撒嬌過了火，結果真被打一次，那次以後妹妹似乎知道父母的底線，再也不敢恃寵而驕了。從小便是洪家的開心果，她最乖最聽話，很少讓父母操心。

幾年前我還會發脾氣，當我決定不再罵人時，我說到做到，這是小妹對我的觀察。小妹說，這是我意志力的體現，顯現個人修為又向前跨進了一步。小妹在我的鼓勵下參加慈善團體，在法師的教誨下，她也不斷反思自己的人生，也對我的蛻變有了更深層的體會。

諾貝爾文學獎作家海明威說得好：優於別人，並不高貴，真正的高貴應該是優於過去的自己。小妹說我能將挫折轉變成感恩，以德報怨對待曾經傷害過自己的人，這是正能量和智慧的增長。能將怨恨轉化成正能量，是修行中的高手，值得弟妹們向我學習，也為我感到自豪。

弟妹沒有人像我一樣長期涉足慈善，感受做善事帶來的正能量。2000年我開始行善，我做了24年的慈善，給了我很多的智慧。我走過的路確實不容易。我從跌跌撞撞一直走到今天，是迅速的成長，弟弟妹妹的成長比較緩慢。每個人的感悟皆有層次之分，不斷的成長是不想浪費此生。我不怕犯錯，從挫折中成長，這是弟妹對人生的感悟。

父母恩

我的60大壽感恩宴

作家張愛玲說，人這一生，生命與生命相遇，人生與人生相逢，一步一程皆是緣。過去每天形影不離的死黨，肝膽相照的生意夥伴，或早已各分東西；反倒是天各一方卻成了莫逆之交，這就是緣分的奇妙。步入暮年的我，更加珍惜與摯友之間的情誼。

我性格外向，喜歡結交朋友。母親最瞭解我，她生前曾嘀咕，說我對待朋友有時候比家人還親。早年10人擠在一房一廳的蝸居生活，大哥擺地攤賺到錢後搬去「吃風屇」[注1]，唯獨我不捨一班肝膽相照的朋友，寧願留守阿裕尼老家。母親尊重我的抉擇，繼續向建屋局租賃這個兩房式單位。

芸芸眾生中，有三人是我一生的摯友。他們有的不離不棄陪伴著我，有的在我創業的道路上兩肋插刀助我一把；也有的在我最需要時義無反顧地慷慨解囊，凸顯對我完全的信任。我們都有40年以上的交情，他們見證了我人生中不同階段的成長。如果說彼此的相知相守是一塊拼圖，將它們全拼湊在一起就是我的一生。

昔日建立起的友誼不一定能維繫一輩子，因此我格外珍惜所有與我走到今天的摯友。歲月留不住，關照謝不盡，朋友忘不了，情義棄不掉。我感恩在過往歲月裡曾經予我支持和幫助的摯親、摯愛、摯友。願我愛的人和愛我的人精緻到老，人生圓滿。

鐵杆夥伴
—— 黃錫源

源哥出生在上個世紀40年代，年輕時隻身從中國到香港打拚。童年在鄉下當農民時吃過苦，能適應日薪僅10港元的紡織廠工人的艱辛。1974年年僅24歲的源哥，很快就熟悉了環境並摸清門路開始賺外快，自己拿東西回家做，為的是多賺點錢。弟弟這時也到香港謀生，並建議在香港開一家

[注1] 吃風屇：即有地洋房。

專門製作女人內衣的製衣工廠,因弟弟的太太在內陸熟悉這一行,可以請她來協助。兄弟倆於是購買縫紉機,在一棟商業大樓租下了店面;後來生意逐漸做大,也賺到了一些錢。

改革開放

1979年中國正式改革開放,是一個創業的好時機。源哥和弟弟一同回返大陸找哥哥加入,三兄弟合力在廣州開一家內衣廠。起初經營得有聲有色,後來生意沒那麼好,弟弟也一直想回鄉設廠,加上大家對做生意的理念也不盡相同,三兄弟於是分道揚鑣。源哥回返香港開設工廠,而弟弟則回鄉下繼續生產,然後將產品出口到俄羅斯,但經常收不到貨款,牽連到源哥的資金鏈也受影響。源哥沒錢周轉,不得不和弟弟分開,改而與香港的合夥人陳澤同Jack合作開工廠,專做女性內衣銷往美國,生意蒸蒸日上,那時正值1997年,也是源哥與陳先生合作兩年多以後。準備創業的我一天打電話問源哥,他願不願意支援我創業?這意味著源哥得放棄他當時所擁有的一切,包括與陳先生的合作項目,跟著我重新出發。

毛巾發跡

我和源哥相識始於1982年,當時一名臺灣人推薦源哥的弟弟到新加坡與我接洽,探討合作的可行性。我隨後到香港考察,第一次與源哥見面的地點是在香港的上海街,隨後我們去彌敦道如今已拆除的龍鳳酒樓喝茶聊天。源哥對我的第一個印象是:原來是一名20多歲的英俊小夥子哦!他劈頭就問:你們如何起家?我回答:賣毛巾的!源哥暗忖:「賣毛巾也能發跡?有沒有誇大呀?」源哥坦言當時對我的來歷確實是半信半疑的。

我隨後又再次向源哥強調：我們幾兄弟最早期是賣毛巾的，生意非常好，後來進一步做女性內衣生意。

那時雙魚正值起飛階段，需要大量的貨源。源哥決定將自己在大陸工廠生產的仙女牌內衣賣給我們，開始時只少量供應試探水溫。源哥製造的內衣走的是大眾化市場路線，用他自己的話形容是「又平又靚又正」，來到新加坡後廣受歡迎。我們合作了一段很長時間，直到90年代初雙魚改組後，每年都舉行規模盛大的周年慶晚宴，源哥和其他海外供應商也受邀到新加坡參加慶祝會，但第三周年後就戛然而止沒有再舉行了。源哥當時覺得事有蹊蹺，於是向我查詢，我只能回答説我無權過問。源哥更是納悶了，我明明是雙魚集團的老二，也是主持大局的買手，為什麼會一無所知呢？當時大哥曾直接接洽源哥，問他的貨是否可以直接送到雙魚在湖南的工廠。源哥非常猶豫，不太放心把貨直接交給大哥，於是問我的意見。我告訴他：我做不了主，還是由源哥你自己決定吧。源哥最後只問我一句話：你有份參與嗎？我説沒有。源哥最後作了決定：不把貨直接交給大哥，寧可失去雙魚這名大客戶。

探望好友

邁入90年代初，由於管理理念不同，我已淡出雙魚不問世事了。源哥每一年都到新加坡，不為做生意，而是專程來探望我，我當時告訴源哥自己需要時間休息。在我人生中最失意的幾年裡，源哥每一年都到新加坡探望我，人在落難時還有人來關心，就是真心朋友。有一次我在家告訴源哥：我休息了，真的要好好休息了。94年5月我正式告別雙魚，還特地交代源哥，如果他有生意就交給雙魚做。當時雙魚還有幾名買手，但當源哥向

他們查詢業務時，經常得到似是而非的回復。沒有了生意上的往來，我就帶源哥到處吃喝玩樂遊船河，他小住幾天就回返香港。

　　我當時給源哥的印象是非常的失意，對前程感到茫然、不知如何是好。源哥曾關切地問我，倘若復出後，我準備回返雙魚嗎？我回答説雙魚太複雜了，肯定是回不了的。後來雙魚被司法管理，結果落

我的香港摯友源哥

得一無所有。源哥對我的處境很是體恤，問我今後怎麼辦？我回答説我不會坐吃山崩的，我會重出江湖再次拼搏。源哥不假思索用廣東話對我説：「坤哥，如果你真的出來做，我一定撐你的！」源哥這句話給當時一無所有的我很大的鼓舞，這也是對一名落難朋友最實質的鼓勵與協助。

兌現承諾

　　當時源哥和陳澤同合作做女人內衣，供應給香港和美國市場。當陳先生知道源哥準備離開他，自然極力挽留，但源哥去意已決，在三個月內就處理好所有的手尾離開了。我想，源哥去意已決是因為他需要找尋人生的一個轉捩點。源哥瞭解我，他知道與我合作往後的人生應如何繼續向前，這是一種對未來的憧憬，是對我的信任，也是「牙齒當金使」（編註：比喻講信用，説話算數）兌現了三年前答應要協助我創業的承諾。

旅途中，源哥邂逅了金髮女郎……

童話般的鄉村風情多美好

同我的兩名女兒合影

源哥融入了巴西嘉年華的人海中……

青山綠水、走遍天涯海角。

金碧輝煌的緬甸遊

飽受藝術氛圍薰陶的韓國之旅

周遊列國

源哥在我最辛苦、最需要協助的時候，毅然放棄香港上了軌道的生意，情願與我配合，一切從零開始打拚。源哥對剛創業的我，有如此大的信心，我心存感激。

創業後，我只身一人到中國太平辦貨。當時只有源哥陪伴和協助我，並扮演了極其重要的品質管控角色。當時貨不對辦的情況，相當普遍且嚴重，源哥就幫我嚴格驗貨，一旦發現貨物有問題，即刻幫我在內地解決。

源哥的據理力爭，替我擋下了不少麻煩；運到新加坡的貨品，基本上也沒有質量上的問題，為我節省了許多寶貴的時間，使我得以全心全意的發展業務。

當時，我有這麼一個心願：等myCK賺到錢後，勢必相約源哥，一邊拼搏事業，一邊環遊世界，享受成功帶來的果實。我們結伴去了十幾個國家旅遊，包括東歐國家立陶宛、日本、韓國、臺灣、南美洲巴西、秘魯、北歐、歐洲、澳洲等地。我們幾乎一、兩年出國一次，盡情享受人生。

飛香港參加蔡瀾美食團，赴日本吃喝玩樂。

大阪水蜜桃當前，蔡瀾大快朵頤。

旅途上盡享攝影樂趣

蔡瀾領隊

　　我幾次搭飛機到香港，與源哥會合後，再出發到世界各地。在這麼多的旅遊團中，其中一個印象深刻的是，我們在香港參加了蔡瀾的美食團，飛到日本大阪遊玩。

　　到了大阪，我們品嘗了神戶牛肉，還參觀了當地「包近桃」（Kanechika momo）農家果場。當時正值水蜜桃豐收季節，我們真正吃到了又大、又鮮、又甜，蜜汁滿滿的時令水果，一口咬下去全是蜜汁，整個桃子像被水包裹住，完全吃不到肉渣！不得不讚歎，這是我吃到的最鮮甜的水蜜桃，有點像身處王母娘娘蟠桃園神仙般的快感。

　　蔡瀾領隊籌劃的美食團，果然名不虛傳，吃喝玩樂皆上乘，讓團員們留下深刻難忘的回憶。旅費雖偏高，卻物有所值。源哥前生意合夥人陳先生夫婦，也在此次行程中結伴同遊，渡過了非常開心的旅程。

　　我履行承諾，願真心誠意同協助我的摯友共享福。除了歐洲一些熱門景點，我們也去了一些較冷門的地方，包括南美洲的巴西、秘魯等地。我

喜歡攝影，可能是受到我的影響，源哥在
與我結伴同遊的當兒，也和我買了同款的相
機，在旅途上相互切磋，記錄下沿途美麗風
光的同時，有了共同的話題，也讓我們的友
誼更上一層樓。

追求完美

追求完美是源哥的個性。舉個例說，他
到了一間茶館，他肯定不會急著購買，而是
一味發問。源哥經常坐下來聊了半天，最後
起身說：「你的茶好好喝哦！」然後轉身就
離開。他善於把收集到的訊息綜合起來，最
終決定光顧他認為最好的一家。

引經據典

源哥喜歡收集市場訊息，有次他介紹
某款最新式的相機給我。他會做足功課，然
後引經據典，嘗試說服我。我們沉醉在充滿
色彩的攝影天地裡，把天涯海角的每一寸足
跡，人生過程中的每一片美好，融入到我們
牢不可破的友誼當中。

坤哥我靠近點，你把螃蟹都
拍進去哦……

源哥和我分享如何辨別
好翡翠

追求細節是源哥的性格，儘管好友們經常在背後取笑他：「搞搞震，冇幫襯」[注2]，他仍會不厭其煩，對有興趣的貨品貨比三家，然後與你分享所獲取的不同訊息。源哥的個性就是如此，老朋友早習以為常了。他會用廣東話告訴我：「坤哥，哩只好嘢！」（這個是好貨），我們經常根據這些訊息決定買什麼。經他介紹的產品，真的美得沒話說。

重病來襲

2022年底，臨近農曆新年，源哥突然得了重病入院。他沒有料到我在短短兩個月內，三次飛赴香港探望他。家人和朋友們這麼的支援他，令源哥感動不已，還開玩笑說：「這麼多人關心我，我想死都難啦，哈哈哈！」

當源哥打完第三支新冠疫苗後，身體開始出現問題，一直嘔吐，不能進食，吃東西也索然無味。耳鼻喉專科作了全面檢查證明無事，到底是什麼地方出了問題？疫情後我第一次到香港探望源哥，他的體重已驟減了5公斤。我帶他去看中醫，仍找不出失去味覺的原因，大家都非常憂心。

源哥病了，我和利坤飛赴香港探望他。

注2 搞搞震，冇幫襯：粵語，意思是沒事找事，給別人帶來麻煩。

回到新加坡不久後，我又接到源哥兒子海傑的通知，說父親突然昏倒送院。當時的血紅素、血小板和血氧都偏低，輸了5包血，初步觀察有血癌的癥狀。我憂心如焚，雖然新冠防疫措施仍未解除，我還是毫不猶豫即刻訂機票飛赴香港。

恍如隔世

由於三天三夜沒吃東西，源哥留醫期間體重又下跌了5公斤。我到了醫院病房，源哥一見到我，即刻緊緊抱住我大哭說：「坤哥，我以為再也見不到你了！我進醫院時，完全是要死去的感覺。完全沒力氣、沒知覺！今早血液科醫生告訴我說，只要你聽我的話照做，你100%可以完全康復，我真的不敢相信，我可以重生……我重生了！」

後來查明，體重幾個月內驟跌10公斤的源哥，得的是維生素B12缺乏症。我查了資料，每100名60歲及以上長者，有20名營養不良，當中有一名會嚴重缺乏維生素B12，源哥是其中一人。若不是源嫂硬拉他到醫院檢查，他可能已凶多吉少了。一生為生活勞碌奔波的源哥，從未試過休息這麼多天，這次生病也讓他深深感受到朋友對他的關懷。我不斷提醒摯友出院後得聽從醫生的吩咐，照顧好自己的身體。對身體逐漸康復，源哥形容自己得到了「重生」，可見他內心的喜悅。源哥過去對我所做的一切，我會以行動來報答他，這是用金錢買不到的情誼。

越洋慰問

大年初四，我從臺北胡駿家打電話到香港慰問源哥。他說身體已恢復了六成，白天狀況很好，晚上就差一點。他告訴我隔天去打針，過幾天複

診時再驗血，再作詳細的身體檢查。如今胃口很好，體重也增加了3公斤，感覺力氣逐漸恢復，跟一個多月前截然不同。香港初春氣溫很冷，只有攝氏14度。源哥說明天（初五）工廠才開工，今年很多香港人選擇外出旅遊，因疫情三年來動彈不得，很多人都湧到大陸旅遊散心。聽到源哥不遺鉅細話家常，我的心也安穩多了。

我提醒源哥到處走走，活動一下筋骨。源哥說現在仍不敢出門，聽從醫生指示在家作復健，每天用家裡的健身腳踏車練習，如今感覺到力量漸增，氣喘也好了不少，十多天來已恢復了七成。如今等待驗血報告，若一切正常就沒事了。至於是否得長期注射B12，醫生說全憑個別病人的體質和吸收程度。一般上注射半年，之後再間隔久一點，看病人的反應如何，重要的是病人是否能夠吸收得到。源哥告訴我他甚至已作好終身注射維生素B12的心理準備。

源哥說他現在胃口大開，一直想找東西吃，說吃什麼都有味道，我聽了非常開心，答應他一有空就到香港來陪他，源哥聽罷笑不攏嘴連聲稱好。我說：「最怕聽到你吃不下，沒有味覺，還想吐。我上一次來你就是這個樣子，真是非常難捱，吃什麼都不可以。」源哥笑了，開心地說：「我現在不一樣了，見到什麼東西都想吃，體重也逐漸恢復了。」

聊到之前說輸了9包血的經歷，源哥有點不好意思說：「我當時暈乎乎，到底是幾包血？我自己在病床上也數錯了。後來醫院結賬收我5包血的錢，我才知道確實數目。」

精彩人生

在商場上，有生意來往，能成為朋友的，其實已相當難得了。因利

益矛盾而拆夥、分道揚鑣的個案層出不窮，像我和源哥有如此密切生意往來，仍能建立如此深厚情誼的誠屬罕見。如今我們都接近古稀之年，源哥感歎我對他比親弟弟對他更好，令他非常感動。

源哥說我有種武俠小說描繪的俠義精神，40年交往一直都在彼此感恩。源哥說若當初沒有遇到我，他相信到今天依舊忙忙碌碌為生活奔波。如今在香港擁有的市價1000多萬港幣的房子，都是我幫他賺下的；其實我想說的是，真正感恩的是源哥當初兩肋插刀、義無反顧的幫助我。惺惺相惜，盡在不言中。

我曾告訴源哥，他退休後經濟上有困難就告訴我。當時源哥的反應是：「哇，你這麼的支援我，不是普通人可以做到的！」閱人無數的源哥曾說過，在他的朋友當中，至少有10多名奇人異士，每個人都有自己的傳奇故事，但要數我的人生故事最為精彩。如果我的經歷能為年輕人帶來啟發和激勵，那就是這本書最大的價值了。

原本我是邀請源哥到新加坡度假，但由於他仍沒有完全康復，我決定一個月後再度飛到香港探望他。當我們抵達機場時，源哥已能自己駕車到機場接我們，我們在接下來幾天的時間裡到處吃喝玩樂，並和老朋友包括陳先生夫婦和嚴啟亮夫婦聚會。目睹源哥身體康復，我為他感到高興，也祝福他身體健康、無災無難。

多年前在新加坡動物園前留影

寶島記者

—— 胡駿

　　當這本書出版時，我的臺灣摯友胡駿，已離開我們一年了。胡駿於2023年4月23日病逝，享年64歲。他往生前我數次飛赴臺北探望他和他的家人，陪伴他渡過人生中最後的時光。

　　我們相識於1983年3月21日。年僅26歲的我，當時同前輩陳耀興的老闆陳松耀到日本、臺灣學習採購。陳耀興過去在十八間後[注3]是大坡頗具盛名的百貨出入口商。我到了臺北，在朋友的介紹下，認識了在《自立晚報》當突發新聞組記者的胡駿。初次相識，胡駿的太太曾富桂（阿桂）身懷六甲，同年8月生了長女胡蓉。

　　在臺北五分埔學習採購的這段經歷，對我往後的創業影響深遠。1986年雙魚牛車水店生意鼎

年輕時的胡駿（站立者），左是好友黃新明。

多年前在新加坡動物園前留影

[注3] 十八間後：沙球勝路是駁船碼頭沿岸店屋背後的第一條馬路，俗稱為「十八間後」。

你儂我儂、鶼鰈情深。

長女出閣之喜

盛，開始賺了很多錢。我到臺北採購了很多衣服，運到新加坡上成了暢銷貨。接下來的四年裡，我更積極赴臺北辦貨，每次逗留7、8天。開始時我並不熟悉臺北，胡駿和我一起去見廠商，當時臺灣非常流行「酒文化」，晚上則陪我去喝酒。胡駿比我小我兩歲，我早年走臺灣路，胡駿深刻影響了我。胡駿並沒有參與採購，只是陪伴著我。他在我意氣風發、年少輕狂的青春歲月裡陪伴著我，這份沒有任何商業利益挂鉤的情誼能一直維繫到今天，愈顯彌足珍貴。

真情相陪

40年後的今天，胡駿在飽受病痛折磨，記憶力大不如前之際，仍記得當年五分埔、松山的陪伴。我在臺北被人欺負他義不容辭為我出頭、年少

氣盛縱橫中山北路「記得喝酒」的豪情、帶我去品嘗風味獨特的醉雞，吃盡臺灣小吃、美食。我腦海裡總湧現這些點點滴滴的美好回憶，或許這就是有情有義的體現吧。

　　與人交往能持久，心量很重要，心量大才能繼續下去。古人說：量大福大。這個「量」就是心量。心量大了，好運才會來。我總認為做人心地要好，把別人的不好都忘了。我離開雙魚後，事業和人生都跌落谷底，在我一事無成的三年裡，胡駿經常飛到新加坡來探望我。在金錢上他幫不了我，卻一直給予我精神上的鼓勵與支援，我只需要他的陪伴。胡駿在1994年寄了張賀年卡給我，約我到阿里山遊玩。我們還去了雲南等地。

　　多年來我和胡駿經常往返新、台兩地，40年一直保持密切交往。胡駿的兒子鉅東曾在新加坡念書。他在婚禮上播放了一個視頻，記錄他在新加坡的生活點滴，並戲稱自己有一個阿伯「罩住」，連「走路都有風」。鉅東以如此方式感激我在新加坡對他的照顧，我感到欣慰。胡駿後來當上了兩岸發展交流基金會執行長，經常往返中台兩地，安排團體互訪事宜。

防疫入境

　　三年疫情我無法出國。當我得知胡駿重病後，我和利坤於2022年12月飛赴臺北探望他，當時仍得遵守嚴格的入境防疫條例。胡駿發現患上腦癌時已是晚期，原本口齒伶俐、機智幽默的他，受疾病折磨一年多後變得言語不清，我的內心非常難過。我唯一能做的是盡量陪伴他，靜靜地聆聽他說話。

　　我回返新加坡不久，胡駿一次因誤點吃藥而昏倒，導致心臟驟停入院搶救。我得到消息後馬上決定更改機票，提前飛赴臺北與老朋友再見。我

當時只想以最快的時間見到摯友，其他皆不重要。我不覺得時隔一個多月再飛臺北是件苦差，能再次見到摯友讓我感到寬慰。

我們抵達時，正值農曆年的大年初二。臺北因疫情和打工族回鄉過年，路上顯得異常冷清。我在想這或許是我們這一生中最後一次相見了，想到這裡禁不住悲從中來，不能自己。

不離不棄

與胡駿見面的第一晚，是在臺北雙城街台菜創始店欣葉餐廳，品嘗著名的豬腳麵線。他從捷運站下車後，由女婿推著輪椅緩緩前行，我們就站在餐館外的騎樓上，耐心等待熟悉的身影出現。2月凌厲的寒風拂面而過，卻吹不散凝聚在眼眶不斷打轉的熱淚。終於又見面了，我們熱烈地握手，然後我說：「我想抱你一下！」當我們相互擁抱時，胡駿哭了。他努力從嘴角擠出幾個字：「謝謝……不離……不棄……」周圍的人都被這感人的一幕融化了。晚餐時阿桂取出自備剪刀把食物剪爛，耐心地餵丈夫進食，多數時間她是趁短暫空檔草草吃上兩口。我心裡想，眼前的一幕就是恩愛夫妻所流露出的鶼鰈情深吧。

在人生最後的一次會面中，我餵摯友吃他喜歡的……

　　隔天上午我們到胡駿位於臺北的住家探訪。我準備了紅包，還有樂高積木、米奇老鼠等禮物送給胡駿的孫子和孫女。見到他們三代人其樂融融、家庭和諧，我內心感到無比安慰。胡駿年輕時是班長，非常活躍。歌手齊秦是他的同班同學，當時王祖賢經常與齊秦在一起，還有馬景濤、搖滾歌星薛岳，都是胡駿的同校同學。我剛認識胡駿時，經常與這些名人在一起。

　　大年初三春節氛圍正濃，胡駿的氣色看起來很好。他興致很高，還提起他當記者時的軼事，包括當年採訪轟動一時的白曉燕命案。這起發生在1997年的撕票案，因16歲的被害少女是知名藝人白冰冰之女，而且綁匪是擁有槍械的高危份子，對臺灣社會造成非常大的震撼，胡駿過後還根據白曉燕命案撰寫了著作出版。

春節拜訪，喜悅之情，溢於言表。

雨天略添愁緒，凝望臺北北海岸一望無際的大海，胡駿陷入了沉思……

孩子陪父親走完人生最後一里路

臺北地標前，見證了我倆40餘年的友誼光輝。

航班停飛

當胡駿知道我三天後要回返新加坡，煞有其事當眾「宣布」：「因颱風來襲，所有航班停飛，你回不去了……」胡駿在報社工作時曾發布過天文臺的颱風預警消息，時隔多年他仍不忘記者本色向我發出停飛「通知」，希望我留下來多陪陪他。阿桂說，胡駿最近經常一個人發呆，很多時候連話也不回應了，就算回話也常有種「雞同鴨講」的悲涼，感覺到他的記憶力衰退得特別快，很多東西老想不起來。那天能記起很多往事，還懂得開「飛機停飛」的玩笑，或許是他見到我心情好的緣故吧。

可能是藥吃得太多，胡駿特別偏愛甜食。我見他不斷從餐桌上伸手取女兒從日本帶回的甜點，用力撕開包裝，把甜滋滋的巧克力餅乾放入嘴內。有時用力撕了很久仍無法打開，卻不願請太太幫忙，或許他知道自己吃得太多會被責備吧。目睹摯友像小孩返璞歸真的舉措，我感到五味雜陳。阿桂說：「兩個月前體力比較好，不停地吃，但自從你上次回去後，他的心情又不好了，吃也不好；過年了，他知道你要來了，心情和胃口又好起來了……」接下來的幾天，胡駿兒子和女婿輪流推著輪椅，和家人一同出遊到處遊玩，訪遍臺北著名的食肆，包括大三元、泰國餐、龍都酒樓，享受人生的美好時光。

K 歌傳情

有幾次因不能很好地表達，胡駿不禁悲從中來。我安慰他說：「我陪你幾天，你慢慢說。」晚餐後，我們去 K 歌。目睹一家人圍繞身邊，胡駿還興致勃勃問我要不要喝酒助興，還說自己要去敬酒。我點了周華健的《朋友》。這首歌我們以前曾多次開心合唱：朋友一生一起走，那些日子不再

有；一句話一輩子，一生情一杯酒……悠揚的旋律、激盪人心的歌詞，那晚再唱這首歌，胡駿和孩子們都哭了！

　　阿桂唱了一首耳熟能詳的閩南歌曲〈家後〉，歌詞傳達了妻子乃家庭背後的支柱，歌頌患難與共、攜手到老的夫妻之情，讓人感受到阿桂在這個艱難時刻，仍堅強地給予家人最大的關愛與力量。我由衷稱讚她是家庭團結的領頭羊，是大家的榜樣。看到孩子們悄悄拭淚，我心裡難過。催淚的感動，掏心掏肺的真感情，會讓人記住一輩子的美好回憶。

多年來同一首歌，〈朋友〉唱響不離不棄的友誼。

生離死別

2023年大年初六，是我逗留在臺北的最後一天。我知道這回一走，很可能是永別，此時此刻的心情實非言語所能形容。阿桂安排在龍都酒樓午宴為我踐行。在二樓的貴賓廳裡，在餐桌上，胡駿努力地從嘴角裡擠出幾個字：「財富……滿滿……事業……圓滿……」胡駿對我的祝福，霎時間讓大家都紅了眼眶。一旁的阿桂說：「新年不要哭哦……」

我緊接著說：「你也不錯呀，家庭圓滿，子孫滿堂。」

胡駿：「我呢……管我管太多了……」

女婿：「幫你守住財富的呀，這個很重要的呀……」大家笑著附和。

我說：「你比任何人都幸福，對不對？」

胡駿：「對呀，哈哈哈。」

我說：「胡駿這兩天都氣色都不錯。除了第一天，接下來都很好了。今天胃口好，吃了不少。」

此情此景已待追憶

　　酒席上大家互祝新年快樂，這是一個既悲又喜的聚會。我知道胡駿不捨得我的離去，我又何嘗不是呢？大門外送別，我緊緊擁抱老友，我知道這應該我們最後一次的見面。從胡駿的眼神，我知道他有很多的不捨，當我步上阿桂特地為我準備送我們到機場的豪華計程車，就在關上車門的那一剎那，一股莫名的刺痛湧上心頭：「永別了！朋友，願來世我們再續前緣。」

　　回到新加坡隔天，是初七人日（農曆初七，稱作「人日」，被視作眾人共同的生日）。我發了一則簡訊給胡駿的女兒胡蓉。我告訴她：「爸爸的病你們已經盡了力，照妳媽媽的說法，不讓爸爸痛苦，應該爸爸會是慢慢的老去……妳記得和阿伯保持聯繫，有狀況時，阿伯會飛過來見老朋友一面。40年就像妳父親曾經形容的刻骨銘心的感情！」

　　胡蓉在回復中說：「阿坤伯真的是一位有情有義溫暖的前輩。要跟他學習待人處事，相信爸爸雖然表達的不是很順暢，但他一定都點滴在心。人生的每一個不經意的緣分，有的有期限，有的卻可以延續好久，人生在世也許最珍貴的就是這些無價的情感與祝福了吧。我相信爸爸跟阿伯的人生故事，可以帶給更多人好的影響，更珍惜生命中的緣分。」

撒手人寰

　　到了2023年4月，胡駿的病情惡化，轉入了安寧病房。護理師建議家人為病人準備後事。阿桂發來的訊息說，安寧的醫生說，病人持續發燒，大小便失禁，腦部腫瘤發炎，接下來的幾天會隨時離開，囑咐家屬做好準備，因為在安寧就不急救了。胡駿在4月24日撒手人寰。我和利坤及女兒瑋珊飛赴臺北參加了骨灰入位儀式，為摯友作最後的告別。英年早逝的胡駿，能有一位賢慧能幹的妻子，五名孝順懂事的兒女，以及三名活潑可

愛的孫兒，人生也算得上圓滿了。

我在發給胡駿孩子們的簡訊中說，大家的不捨是因為胡駿兄對朋友的重情重義，對孩子的調教有方，確實讓人敬重。我們一起迴向給他，沒有痛、沒有苦，好好渡過餘生。人生短暫，好好和身邊人相處，要有感恩心，要知恩圖報，不能過河拆橋，因個人的私心達到目的。好好學習做人，好好愛護家人，永遠心存感恩，珍惜眼前人……

感恩有你

廣欽大和尚說：無生就無死，無來就無去。胡駿的離世讓我難過

朋友，珍重再見！

了很長的一段時間。有人說單純的感情幾乎沒有，只有物質和利益的捆綁才能長長久久，但我與胡駿的交往卻打破了常規，越顯珍貴。友情明明可以自由選擇、隨時中斷，但我們的友誼卻能歷久彌新，證明我們彼此是有緣的。

世間多少的友誼，只因為一不小心，或一句狠話有了誤會，多年的情誼就告吹了。我與胡駿的 40 年交情，也不是沒有經歷過考驗的。有一次他在新加坡主辦一項會議，他要求我協助，但整個過程頻繁換人，造成對大家極大的不便，連一同前來出席會議的前部長也忍不住對胡駿說：「你這個朋友阿坤，是沒法子找的；如果你失去了再也找不回的。」

父母、兄弟天註定沒得挑選，但朋友卻可以找有緣人，無緣就不要再繼續了。經歷了這麼多，每每想到我這個永遠不變的朋友，每每想到我來看他，胡駿就會哭。我若要走了，他也哭了。珍惜當下相遇的緣分，沒人知道它何時會來，又何時會走。倘若你遇到想偕老一生的人，請用心珍惜。

通財之義

—— 陳利坤

能和陳利坤能成摯友，我相信是前世的緣分。他既非我的同學，也不是鄰居。我們分隔在不同的組屋區，也從來沒有業務上的往來，純粹是朋友圈中的一份子。我們後來所建立起的友誼，不只讓利坤成了我家庭的密友，也讓孩子對「阿利叔叔」敬重有加。利坤與洪家非親非故，卻無微不至地照顧我病重的父親，那一份有如「義子」般的孝心令人動容。

上個世紀 70 年代，利坤兄姐七人和父母仍住在甘榜菜市的沙厘屋[注4]。利坤青少年時曾在雜貨店打工三年，母親心疼兒子每天扛重物累壞身體，而他的大哥工作也非常辛苦，陳母相信工字不出頭，於是建議兄弟倆自立門戶做生意。

兄弟倆於是在沙厘屋旁搭建了一個空房，兄弟分頭外出招攬生意，專門替商家提供補貨服務。一家人同心協力，生意漸有起色。然做不到一年，政府宣布要發展甘榜菜市地段，在遷徙計劃下利坤家人獲賠償位於小

[注4] 沙厘屋：即鋅板屋。

坡梧槽坊的一間商店。從1975年起開始一步一腳印,一直到2014年梧槽坊被徵用拆除,一晃39年。

利坤家人設在梧槽坊的商號坤記,是一家專門經營陶瓷、碗盤、花瓶生意的商行。利坤一家見證了新加坡的發展,是當時許多從甘榜走向高樓組屋的典型例子,代表了半個世紀前的社會縮影。

小弟領軍

利坤在兄弟中排行最小,卻是家族生意的主要決策人。商店經營初期因貨源匱乏生意平平,於是利坤自動請纓準備到中國闖一闖,然而因缺少盤纏和買貨錢,令他苦惱不已。

身為公司的領頭羊,為突破困局,利坤唯有向母親和五哥借錢,並提取自己大部分的銀行存款,共計6萬元本錢遠赴中國大陸辦貨。那一年正值1989年,利坤隻身在汕頭進貨。當時正如火如荼推動改革,物質相對廉宜,一片欣欣向榮。利坤緊抓時機購買了很多價廉物美的日用品,當時人們對不同貨品的需求旺盛,尤其吸引到許多印尼船員到店裡買日用品,店裡開始賺錢。

我和利坤相識於70年代末。利坤剛從甘榜菜市的沙厘屋搬到勿洛組屋區,樓下大牌128座咖啡店,每晚聚集了很多甘榜的老朋友,相約喝咖啡聊天。剛創業在梧槽坊賣日用品的利坤,放工後回家就和老鄰居在樓下咖啡店聊天。隔壁桌的另一班朋友,有兩名是我的同學。我們每年訂12月25日耶誕節去餐館聚會,同學叫我一起來同慶,以後有什麼聚會也總叫我湊熱鬧。80年代初期,我仍住在阿裕尼,但並沒有和勿洛咖啡店的老同學

打成一片，反倒和利坤投緣。在新年除夕，我個別約利坤到我家聚會，喝酒聊天，緣分的開始就是這麼的奇妙。

家裝石椅

　　1979 年雙魚在大巴窯大牌 79 租下店鋪後，我開始非常忙碌。進入 80 年代，利坤和三、四名朋友，固定每晚都到東海岸人工湖小販中心面向大海的石椅上喝酒聊天。我知道他們在那裡，於是一有空就加入他們。有趣的是，10 多年後創業後的我，搬進了新公寓，還特地囑咐裝修商在新家天臺做了一個和海邊一模一樣的石椅。當時利坤覺得奇怪，我怎麼把海邊的石椅「搬」回家裡來了？還時常叫朋友回家聊天，為的是重溫往日在海邊盡情放鬆、無所不談的情懷。

　　1998 年也就是 CK 創業的第二年，我已在大巴窯、牛車水二樓、勿洛，分別租下了店鋪做生意，每間店的生意都很好。我當時看中淡濱尼

利坤與我有親如兄弟般的交情

在潮州汕頭享受傳統潮州糜

513的店鋪，想頂下擴大我的生意版圖。當時對方要求55萬的頂費，但我手上的資金不夠。

破產後我搬到勿洛政府組屋，當時利坤住大牌116，我在118。記得某一個星期天，我們相約一起外出，我提議到淡濱尼看一間準備出頂的店鋪，那裡原本是一家金莊。這間店靠近地鐵站，人潮很多。我當時並沒有說什麼，過去當我物色不同店鋪時，也會邀好友一同去視察。我自己已到淡濱尼實地考察了多次。不久後我和利坤又去了第二次，連利坤都讚歎說：「這間店好！」

豎起三指

利坤經常誇我的眼光好，看中的店面都是A級的。我告訴他淡濱尼這間店若要頂下來需要很多錢。利坤問我大概多少，我說頂費55萬，我順口說現金不夠。

利坤說：「那我借一些給你。」

我於是問：「多少錢？」

利坤豎起三根手指。

我說：「是三萬嗎？」

利坤說：「不是，是30萬！」

當初我確實沒有料到，利坤會有這麼多現款借給我，當時還應了句「你有這麼多錢呀？」

我後來和利坤到銀行的保險箱提錢。他打開用舊報紙包裹住的一大包現鈔，裡頭有很多張面額1萬和1000元的胡姬花系列大鈔，而用來捆住舊報紙的橡膠圈早已硬化，感覺就像沒煮的快熟麵條一樣。

　　我把舊報紙包著的現鈔，放入了一個大信封裡，並在大信封外寫了「人情」兩個字。我是想藉此告訴後輩子孫，阿利叔叔曾借給我們這筆錢，你們要永遠記得他。我刻意把舊報紙和信封都保留了下來，保存在我的保險箱裡，時刻提醒利坤的這份恩情。

　　從來不借錢給朋友的利坤，卻為我而破例。他後來回憶說：「CK的生意這麼好，他擅長零售百貨業，我們卻不會做。我當時只一心想要幫他，推他一把讓他更上一層樓。我非常肯定他會把錢還給我，這是我對他的信任。」不久後我就把借款還給利坤，他再度把大鈔鎖進保險箱裡。但已經找不回舊的一萬元大鈔了。

我珍藏多年前，包裹著30萬元大鈔的舊報紙。

每晚報到

利坤與我的交情，延伸到我的家庭。每個星期的家庭日，我通常會叫他來陪伴。他與我的家人認識了幾十年，親如家人。利坤見證我創業前的心情寫照。我被雙魚辭退後，終日無所事事，直到三年後，有一天我告訴他：每天吊兒郎當也不是辦法，是時候重出江湖，再出來拼一拼了；大丈夫一言既出、駟馬難追，我馬上著手部署。那是 97 年年頭，我最先把目標鎖定全新加坡的鄰里中心到大巴窯，並在同年 5 月份入駐，那是我創業的第一間店，利坤對這間店的感覺也很好。

接下來我們花了很多時間到處找店，積極評估，人潮是考量的重點。我可以待在現場一整天觀察人流量，之後才下決定。我始終認為，做門市的決策者必須要有這方面的敏銳度。

我創業初期，工作緊張而忙碌，我想在最短的時間裡賺多些錢。開了大巴窯店後，過了幾個月又在勿洛開第二間，第三間在牛車水大廈二樓，98年底接手了雙魚的牛車水旗艦店，99 年又在對面的珍珠坊租了一間大面積的店鋪，這一切利坤都與我共同經歷。

天天買粥

我父親臨終前一直想吃柔佛路文記豬肉粥。那是一家有 70 年歷史的海南粥老字型大小，原本是小坡三馬路毗鄰一條小路的路邊攤，搬遷到小印度維拉三美路 20 多年，每天排隊人潮不絕，古早傳統滋味不言而喻。我託付利坤替我天天買給爸爸吃。父親的嘴很叼，他不喜歡吃別的粥，於是利

每天排隊買海南粥，
是利坤對我父親的心意。

坤每天都去排隊。後來跟攤主熟絡了，得到不必排隊的優待，但只能買一碗，其他弟妹想吃也沒有。利坤對父親盡心儘力，親如義子般的感情，洪家都非常感激。

小妹在父親晚年時，陪伴老人家住了一段時間。每次利坤送粥來總叫小妹下樓取，直到父親病重的那一段期間，利坤就親自上樓陪老人家一起吃，令洪家人非常感動，每次想起都會非常感謝他。

利坤個性溫和，他散發出的正能量感染了周圍的人。父親有什麼牢騷，總會找利坤訴心事。利坤總能開解老人家，勸爸爸要往好的方面看。利坤因此經常說：「你實在是很好命呀！」爸爸也附和說：「對！對！對！很好，很好！阿坤及家人都對我很好。」利坤他對我父親是全心全意的。這份情，我永生難忘。

感恩有你

感謝利坤這40多年來，一直在陪伴著我。我的父母仍健在時，他全力以赴，協助我細心照顧他們，我對此心存感激。我們之間經歷了太多，無論發生什麼事，他都會站在我這一邊，是我身邊最強的守護者。這是一段難能可貴的友情，我們永遠相信彼此，利坤也永遠支援我。

如今年齡大了，記憶力也退步了。我發覺到，有時侯你

利坤如義子般，對我父親無微不至的照顧。

叫 Teh C Kosong，他拿回來的卻是 Kopi C Kosong。有時你叫他去 A
等候，他卻去了 B。我性子急，遇到這種狀況，難免脫口而出：「為什麼
你這樣子啦？」

雖然我會因一時焦急，對他說了些埋怨的話，但我會永遠謹記，這是
一份永遠不會變質的友情。我珍惜我們永遠不散的感情，我們是真正從年
輕走到老的朋友，這份感情得來不易。

分擔解憂

利坤家裡出了狀況，他會主動告訴我，我會像自己家人一樣，為他出
謀劃策，為他分擔解憂。我竭盡所能建議他如何妥當處理，因我擔心他，
他也信任我。利坤是我一生的摯友，這是永遠也改變不了的事實。

最近與利坤同住的哥哥入院。和哥哥感情深厚的他，開始時要求在醫
院裡陪哥哥過夜。他擔心若哥哥晚上在醫院情緒不穩，護士該怎麼辦？我
勸解他，叫他放心交託給醫院，他應該照顧好自己，不能被拖垮。

每一天，我不只一次問候情況，我為什麼這麼關心利坤？他過去如何
對待我的父母，我如今也一樣，以相同的方式對待他。我們真情流露，所
有的互動，皆出自於感恩心，是友情的延續，我所記得的，是一種恩情。

友誼萬歲

過去每天形影不離的死黨、或肝膽相照的生意夥伴，皆早已各分東
西，反倒是沒有天天見面的成了莫逆之交。這就是緣分的奇妙，讓邁入暮
年的我更加珍惜與摯友的情誼。作家張愛玲說，於千萬人之中遇見你所要
遇見的人，於千萬年之中，時間的無涯的荒野裡，沒有早一步，也沒有晚

從年輕到暮年，我們一同參加活動，一同去旅行，這份情誼將永永遠遠。

一步。人這一生，生命與生命相遇，人生與人生相逢，一步一程皆是緣。我珍惜與摯友相處的每一天。

　　人生無常，不知是無常先到，還是明天先到，這是證嚴法師的開示。摯友胡駿離開了，我很不捨。我講義氣、重情義，我心存感恩！我曾破產、也努力從破產後重新站起來，最大的動力來自我不能倒下，我倒了家人怎麼辦？我只是想給子孫後代最好的榜樣。除了發奮圖強外，我也開始好好學習做人，因為先學做人才可把事好。我天天向上向善，再苦也要熬下去……好好孝順父母，對長輩尊敬，為人講義氣重情義，協助社會弱勢族群。我慈悲喜捨，給子孫後代留下一個好榜樣！

　　我一生充滿愛，我愛我的家庭，我愛生下我的父母，我愛我的兄弟姐妹，因為大家是同個父母所生的，我更深愛我的子孫。孩子長大後各有各的獨立思想，我可以用身教，以感恩、尊重、大愛精神來教育孩子。

　　感謝這三位重情重義的朋友，在我人生的不同階段，對我的支援與陪伴！我今天算是事業有成，我永遠不會忘記他們的真情義！

利坤和招業，向各位感恩敬禮。

我行善24年，個人捐獻總數超過千萬新元。我希望藉著大度善行，感動周遭的人，與我一同走上慈善路，領受無私助人帶來的快樂。慈濟創辦人證嚴上人說，信己無私，信人有愛。我所做的一切不求名利。我大度行善之心充滿感恩，祥和與快樂。行善能視如花開花謝般平常，才能寵辱不驚。我的每一段人生經歷，看淡人生起落，如雲卷雲舒般變幻，蘊藏著不可複製的美好。

走入社區

2008年，在劉孝勇老師的引薦下，我開始到三巴旺服務，開啟了十多年多姿多彩的社區服務。劉老師當時是三巴旺西公民諮詢委員會主席。我從 2009 年開始，擔任三巴旺西公民諮詢委員會委員，隨後出任副主席，一直到今天。

成為三巴旺社區領袖的一員後，我經常追隨許文遠部長身旁，出席社區的各種活動，也隨同部長走訪居民。我喜歡攝影，經常攜帶相機，拍下部長社區訪問的瞬間。

我也喜歡和居民溝通交談。親身參與了社區活動，讓我真正體會到為民服務，尤其是照顧弱勢群體所帶來的快樂。

出席四年前的新春賀歲活動，左是接替許部長的傅麗珊議員。

許部長冷靜沉著，是我學習的榜樣；部長的奉獻精神，也讓我敬佩。部長一直鼓勵我行善，囑咐我盡量幫助人。對部長的鼓勵，我一直銘記在心，行善也是我永不放棄的人生目標。

遇到各族群的節慶，包括華人新春佳節，馬來同胞開齋節，國慶日等節日，我們都在選區內的聯絡所舉行 3、40 桌小型的敬老晚宴，體現出多元種族社會的和諧。我們招待區內居民，部長也會出席參與其盛。

訪療養院

我也在農曆新春期間，與不同的社區領袖，輪流贊助紅包和橘子，向位於三巴旺的陽光福利療養院的老人家拜年，與老人家一同吃飯。我們在春節，為這些弱勢老人送上祝福，讓他們也能感受到一絲的溫暖。

新春佳節，我陪同許文遠部長走訪三巴旺陽光福利療養院，為老人送上祝福。

部長的冷靜沉著，是我學習的榜樣。

辦千人宴

我曾數次擔任三巴旺農曆新春，以及國慶日慶祝晚宴的籌委會主席。這些大型的宴會，往年都是120桌的千人宴。我也曾受委為三巴旺集選區鄰里妝藝大遊行籌委會主席，對我來說，這些委任，都是一種榮幸。

當我經歷了生命中最低谷，重新爬起來，並賺到人生的第一筆錢後，想行善的念頭，一直在我的腦海中浮現。有緣來到三巴旺集選區，看到許文遠部長孜孜不倦為民服務的正能量，我深受感動，從此立下決心要為三巴旺社區，尤其是較弱勢的群體服務。

浴火重生的我，立志要當一名好人。我曾從人生的高處跌下，財富和兄弟情，瞬間變得一無所有，我消沉了整整三年，才得以重新振作，並幸運地賺到了一些錢後，我渴望做好人幫助人，讓自己冰封的心，重新獲得溫暖。

長期捐獻

我答應三巴旺，每年至少捐獻三萬元，一直到我80歲。對我個人來說，在社區服務16年，感覺已足夠了，應該把空缺留給年輕人，於是我決定任滿將離開。雖然我告訴傅麗珊議員，自己在社會上有其他許多慈善團體需要幫忙，無暇到三巴旺選區活動，但她卻希望我能留任公民諮詢委員會副主席，我也答應了。

部長評價

在服務社區的十多年裡，我從許文遠部長身上學習到很多。對部長的評語——我是一個好榜樣，我深感欣慰。這是部長2020年宣布離開政壇，臨別時告訴在座的社區領袖，我是大家的好榜樣，這是部長對我的讚美。

12年前許文遠部長伉儷與李玉雲議員（右一）合影

無私捐獻

　　每年捐助社區發展福利基金，給選區內低收入的家庭，十多年來，由我捐獻的累計了好幾十萬元的捐款。我把三巴旺當成是一個要為它付出的地方，這是潘南舜對我的認識。「我與CK共事10多年，他是一名大好人。」我感謝三巴旺西公民諮詢委員會主席對我的讚譽。

　　我每年都準時繳交三萬元給社區基金。潘南舜對我信守諾言，以及這些年來為三巴旺選區，出錢又出力所作的一切，留下深刻印象。

贊助輪椅

　　隨著人口老化，老年人的數目將越來越多，要鼓勵人多做慈善，我對支持部長選區內，有利樂齡的計劃義不容辭，例如2012年三巴旺活躍樂

齡嘉年華會上，我贊助並購買了多部輪椅，讓三巴旺集選區的樂齡人士可以免費借用。

我加入社區後，負責人都知道我是一名很喜歡行善的人，因此開展這個免費借用輪椅計劃時，負責人打電話問我：可以不可以捐錢買輪椅給我們的居民？我一口答應，並詢問需要多少錢？對方回答：五萬元。我二話不說即刻答應。

這個免費借用輪椅計劃，讓整個集選區有需要的樂齡居民都能受惠，都能提出申請。負責人後來還問我，如果用來買拐杖可以嗎？我回答當然可以，我還問負責人錢足夠嗎？如果不夠我可以再增添。對其他的樂齡社區活動，若遇到需要籌款買東西送給居民，我經常不假思索點頭答應。

我贊助購買輪椅，讓三巴旺集選區的樂齡人士可免費借用。

部長相冊

　　我積極參與三巴旺的社區活動。十多年來，除了當義工，我也隨身攜帶Canon EOS 5D相機，出席部長的各種社區活動，拍下許多珍貴照片。

　　無論是每年的春節晚宴、中秋佳節、開齋節、探訪居民、樂齡活動等，我皆積極隨隊出發，從攝影中學習捕捉經典鏡頭。跟隨部長幾年後，我決定編輯一本相冊送給部長。這是我對許部長的尊重，也是作為永恆的記憶。

　　一名廣告部門的職員協助我，從1萬多張照片中篩選，製作成《許文遠部長相冊集》。我記得在一個活動上，親手將相冊交給部長。由於之前並沒有預先透露風聲，當部長收到相冊時，顯得非常高興。我當時列印了幾十本。除了部長外，也送給基層組織的朋友。

　　部長於2011年為myCK總部貨倉大樓主持開幕儀式時，曾評論我的攝影作品。部長説他知道我認真學習攝影，並遠赴非洲、南美洲捕捉大自然景物。部長聆聽了我的經歷後，也很想去親身去體會。

　　同一年舉行的全國大選，部長的競選活動，包括拜訪選民、群眾大會、提名日、大選成績揭曉的現場，我都鉅細無遺地拍攝下來珍藏。部長對我攝影技術的賞識，讓我心存感激。在未來的歲月裡，我將不忘初心，持續探索攝影之路；通過洞察秋毫與慈悲之心，去發現美、發現情、發現天與地的感悟。

部長「生氣」

2015年舉行全國大選時，我跟拍部長走訪選區的足跡，發生了一個小插曲。

有一回走訪選區，眾人真的是太累了，但我仍不停的拍照，部長被一直閃個不停的鎂光燈弄煩了，第一次提高嗓門對我説：「CK，不要再拍了！」這是我第一次見到部長「生氣」，過後我悄悄關掉鎂光燈繼續拍。

為何我這麼辛苦，要拍這麼多的照片？對我來說，這些都是值得記錄下來的經典場面，尤其是把部長汗流浹背的一刻化作永恆，我有很大的滿足感。

我在社區服務期間，也擔任了社區藝術與文化委員會Community arts and culture committee的主席。委員會經常舉行繪畫活動，目的讓很多居民前來，以美術與社區聯繫。

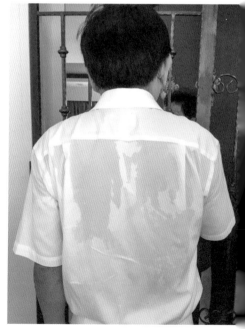

部長汗流浹背、走訪選民的瞬間。

我於2020年獲頒發公共服務星章（BBM）

　　在負責區社區藝術文化活動期間，我特地在外頭找表演藝人，到聯絡所舉行演唱會，受到居民的熱烈歡迎。活動通常在聯絡所、居委會舉行，多達數十至上百人，我無論任何活動，藝術的、社區的、民生的，我都大力支援。委員會一有好的想法，就與我溝通。委員會的建議，我都支援，好的馬上落實。社區裡有很多藝術活動，包括把藝術作品展示在組屋區的告示欄上。

　　2020年，我榮獲新加坡共和國總統頒發公共服務星章（BBM）。

心繫南華

南華潮劇社是一個理想的平臺,讓我有機會為潮州人做一些事,把慈善和文化傳承事業結合在一起。回憶當初,除了社長外,南華第一任主席張建安,也曾極力說服我接下擔子。南華醞釀改革前,其中一項籌備工作是如何引進有領導能力、慷慨熱心公益的潮社領袖,以持續支援潮劇及潮州文化的發展。當時我在社會上的事蹟得到南華的關注,並主動與我聯繫,緣分由此開始。

紅屐換烏靴

林大欽是中國幾千年科舉制度下,唯一的潮州狀元,其人其事在當地無人不曉。過去500年來,林大欽的奮鬥史,激勵著一代又一代潮州人,對潮州文化和民間習俗有著深遠影向。

林大欽是歷史上「潮汕三傑」之一,年僅21歲就高中文狀元而名震天下。著名對聯「天增歲月人增壽,春滿乾坤福滿門」,便是出自這位文狀元之手。

林大欽的故事,雖然在潮汕地區家喻戶曉,卻從未被編成潮劇。南華潮劇社2021年協助揭陽會館籌備「出花園」成人禮時,曾編了一齣40分鐘長的潮劇《少年林大欽》,我非常喜歡觀賞。後來有人建議編個完整版的林大欽,於是劇長兩小時的《狀元林大欽》便與大家見面了。

《狀元林大欽》是南華轉型後,繼《情斷昆吾劍》的另一新創作,是新中潮劇界的又一次跨域合作。話說明朝嘉靖四年,15歲的少年奇才林大欽,於農曆七月初七日「出花園」前一天,遇到了人生的大貴人。當時林大欽放

黃琳琳擔綱飾演《狀元林大欽》

南華潮劇社明日之星林凱德

牛，在樹下讀書。恰逢海陽縣教諭[注1]周伸，到此考察，尋找少年才俊。他手捧公雞、拿著對聯，上聯是「雄雞頭上髻」，求對下聯。

很多人對不上，林大欽站了一會兒，就隨口說出「北羊領下鬚」。周伸大喜，將公雞送給林大欽。林大欽抱著公雞回家，父親很高興，稱讚兒子有出息。隔天，滿15歲的林大欽行「出花園」成人禮，林父把公雞宰了，把雞頭獎勵給林大欽，並勉勵他好好讀書將來出人頭地。

這時，送公雞的周伸突然到訪，送紅屐一雙，祝賀林大欽從此成人跨

[注1] 教諭，中國古代學官名，宋代開始，負責文廟祭祀和所屬生員教育，與訓導共同負責縣學管理和課業，屬正八品官員。

出「花園」門，並向林家表明身份，自己是海陽縣教諭，決定免試破格錄取林大欽到縣學公費讀書深造，勉勵林大欽奮發努力，為來年科舉路上榮登龍虎榜，「紅屐換烏靴」，讓林家出個狀元郎。後來，林大欽果然高中狀元，名揚天下。自此，潮汕人就形成了出花園的孩子穿紅木屐、吃雞頭是好兆頭的傳統習俗。

　　這齣新編的潮劇，除了歌頌林大欽少時好學，奮發讀書，追求上進

南華獲頒首屆新加坡非物質文化遺產傳承人獎

的優秀品質，又展示了潮州地區自古以來「出花園」的文化習俗，我非常喜歡這一齣劇，它以濃郁的喜劇形式，演繹積極的主題思想，啟示後人。

耳濡目染

小時候，由於父母喜歡看潮劇，家中經常播放潮州音樂，但在耳濡目染下，逐漸產生了一種親切感。十多年前，我開始陪伴父母，回返潮州潮安老家探親。當我第一次回返家鄉時，周圍的鄉親，無論是男女老幼，清一色全講字正腔圓的潮語，讓我感覺非常親切，「尋根」的意識開始萌發，這也讓我開始欣賞一切與潮州有關的文化，包括色彩斑斕的潮劇。

近年來，我積極投身社團與公益活動。在南華潮劇社當主席的這幾年裡，也讓我進一步有機會，不只近距離欣賞臺上潮劇之美，也有機會認識到幕後演員臺上三分鐘、臺下十年功的辛勤付出。

潮劇是潮州好聲音的代表之一，它展現了獨特的潮州文化魅力，是促使我加入南華的重要原因之一。我是在前任董事主席張建安的介紹下，加入了南華。建安兄認為，在新加坡傳承潮劇，實非易事，但社團應不斷保持進步，並堅持下去，才能有更加豐碩的成果。在吸引年輕觀眾方面，南華有做出努力，但是效果並不顯著，因此要集思廣益，尋求更有效的方法。

一直以來，我想為潮州人做一點事。這個想法深耕已久，卻不知從何下手，直到我遇到了南華潮劇社。2015 年 4 月是南華大變革、脫胎換骨的一年。它獲准轉型為文化慈善機構，獲得政府設立「一對一」的文化捐獻配對基金，劇團從此朝向更專業化的方向發展。我是南華轉型的贊助者之一，之後被委為董事。

　　南華社長卓林茂，曾兩度邀請我出任董事會主席，卻被我婉拒了。社長鍥而不捨，直到第三次向我開口時，我終於點頭答應，卻附上一個「條件」。主席的任期是兩年一屆，最多可以當六年。我當時的「條件」是：只做兩年。結果，我服務了四年，並在2023年南華歡慶60周年紀念的高光時刻卸任，把董事主席的棒子交托給林振文。

（SPH Media）

高光時刻

南華潮劇社成立60周年慶及答謝晚宴，辦得有聲有色，這也是我四年來擔任南華主席的一個總結。當晚1200名嘉賓，在金沙會展中心歡聚一堂，唐振輝部長也應邀出席了盛會，我非常的開心。

《聯合早報》於2023年10月20日刊登的全彩色跨版廣告，彰顯了南華的高光時刻，同時也把這歷史性的一刻，永恆記錄下來。

高度評價

林茂兄對我四年主席任期，有高度的評價。南華在我的領導下，一直在改變，也一直進步中。我親力親為，關心南華的日常運作，包括任期內遭遇新冠大流行，我時刻關心職員的福祉，了解他們面對的挫折。在南華的經費上，我不只帶頭捐錢，也號召身邊的朋友，甚至非潮劇界人士來支持南華，這使其財政基礎逐漸穩固。

在主席任期裡，我承諾每一年捐獻10萬元給南華。有了穩定的財政支援，南華得以更積極地拓展潮人傳承事業，也做出了一些成績。在我四年的任期內，我感到十分自豪，南華榮獲兩個國家級的獎項：

一、第六屆新加坡華族文化貢獻獎；
二、首屆新加坡非物質文化遺產傳承人獎。

慷慨捐獻

2015年新南華正式轉型，幾名贊助者包括我，每人捐獻5萬元，社長也捐了5萬元。第一輪我們籌到40多萬，加上政府一元對一元的配對基金，讓南華有了充裕的資金進行各項活動。

唐振輝部長頒發首屆新加坡非物質文化遺產傳承人獎

第六屆新加坡華族文化貢獻獎

建安兄在擔任主席的四年期間，帶頭慷慨捐款。我秉承他的精神，六年內也共捐了 50 萬元。另外出任兩次的籌委會主席，共籌了 75 萬元。我心繫南華，另一個重要關鍵是：能與社長、巧香共事。社長林茂兄是領頭羊，對南華的運作扮演著非常重要的角色，兩人在專業領域上的配搭遊刃有餘，屢屢交出漂亮的成績單。

立下榜樣

「複雜事簡單做，不看昨天，期望明天」是社長林茂兄的處事原則，這種務實有效率的行事作風，使到南華於短期內脫胎換骨。更重要的是，社長真正的無私奉獻，尤其令我敬佩。林茂兄形容我帶領南華期間立下了榜樣，說我不只是為南華服務，也為南華設下標杆！當社長邀請林振文出任新的主席時，振文兄說要學習我，把我當成榜樣。我對他們的推崇與讚美衷心感謝。

繼續關心

當我卸下主席退任，沒有了責任，心情確實放鬆很多。但我的心仍繫南華，因為我要看南華繼續好。我對社長說，我將繼續關心南華的發展。

值得一提的是，南華在疫情期間化困境為機遇，順應數位化發展潮流，大力推行傳統藝術的數位化進程。傳統藝術與數位化的結合，為南華創造了不可估量的前景，這是南華不斷與時並進的又一力證。

除了努力把經過提煉的潮州戲劇精華，精彩呈現給觀眾欣賞外，南華也不遺餘力開辦系列與潮劇相關教育課程，包括兒童班，吸引年齡 5 歲至 15 歲的兒童報名上課，積極培養下一代的潮劇愛好者。

出版叢書

很多人以為，南華潮劇社唱完大戲，就沒別的事了，其實它還有其他文化傳承的使命，成立楊啟霖[注2]潮州文化研究中心就是一個例子。楊啟霖研究中心是南華的一部分。它除了研究潮州戲曲以外，也希望能把新加坡傑出潮人，尤其在建國過程中有貢獻的人士，把他們的奮鬥事蹟記錄下來。南華介紹的第一位卓越人物，是楊應群的父親楊啟霖。楊啟霖一路來對本地潮社文化默默耕耘，付出了極大的努力。

南華的目標是：通過出版一系列的潮人書籍，通過他們的精彩人生故事，起到耳濡目染的效果，成為年輕後輩的榜樣。南華將繼續出版潮州習俗如：冬至、結婚儀式、中秋節等叢書，為傳統潮州文化的傳承與永續發展，盡一份力量。

拓展合作

南華潮劇社積極拓展合作夥伴關係，包括與具有影響力的其它慈善機構開展合作，共同舉辦慈善活動。

通過這些合作，南華致力於擴展潮州戲劇和華族文化，將這份獨特的文化力量，傳播給更廣泛的觀眾，特別是那些較為弱勢的群體。

通過慈善與文化事業的結合，南華潮劇社希望為社會增添更多色彩，為弱勢群體提供更多的支持與幫助。

[注2] 楊啟霖：本地華社聞人，社團領袖，著名的潮州籍實業家。

緣起慈濟

　　我的慈善之路，始於慈濟。當時設在史密斯街的慈濟功德會，與myCK牛車水旗艦店只有咫尺之遙。2000年慈濟的負責人來找我，希望我能贊助貨品，用於牛車水舉辦的慈善義賣會。當時我義無反顧的捐出數千元貨品，這是我做慈善的開始。接下來的每一年，我都樂於捐獻；除新冠大流行暫停外，為義賣會籌款的緣分，一直沒有中斷過。

緣分昇華

　　我和慈濟緣分的昇華，始於師兄劉瑞士。記得有一年，已故良友洪鼎良、瑞士師兄結伴到我的辦公室寒暄，我們之前並不熟悉。由於洪鼎良生前非常好學，後來還組織參觀團到我的公司考察，我和瑞士師兄就此熟絡起來。

　　慈濟在2005年搬到巴西立，那時瑞士師兄已加入了慈濟，並在06年受委為慈善義賣會的協調人。當年慈濟籌劃搜集更多的貨品來義賣，於是瑞士師兄來找我協助。我交代經理，慈濟要什麼，可以儘量拿，不必限制，此舉令瑞士兄非常的感動。

我的行善之路，始於慈濟功德會。

於2012年接任慈濟執行長的劉瑞士回憶説：「當時我就感覺到，怎麼會有這樣的人？可以允許我隨便搬，搬多少就多少，真的非常感動，也證明他有一顆捨得的心。」

屢創紀錄

由於瑞士師兄是第一次承擔起義賣會協調的重任，我的慷慨樂捐，給了他很大的信心。2006的那一年，慈濟籌到了50萬元的善款。瑞士師兄回憶説，正因為有正能量的加持，讓他義不容辭的做到盡善盡美，結果義款數額破了紀錄。

慈濟慈善義賣會，從最初2000年籌得的3萬元，到2006的大幅增加到50萬元，接下來每一年都有增加，如今每一年都超過了百萬元。疫後的慈善義賣活動已恢復，2024年在卡迪地鐵站對面的有蓋綜合球場舉行。

世代捐款

我曾捐助30多個慈善團體，慈濟是我最心儀的。證嚴法師的教誨，是我最喜歡的。我發願從2024年開始，每年至少捐獻25萬元給慈濟，承諾意味著善行沒有終止，繼續捐獻將讓福報延續，一直到我的後輩子孫。我將把捐獻的意願，列入遺產信託。

我喜歡聆聽和閱讀證嚴上人的靜思語，感悟不把別人的錯誤來懲罰自己，把怨恨心轉化為慈悲心，以知足、感恩、善解和包容，一步步來化解，讓我度過難關。我也把慈濟愛的管理融入公司，善待員工。我深信善於天下，善待他人，才能得到大家的擁戴和支援。

從1966年起，超過半個世紀以來，證嚴上人為佛法、為眾生，帶領

慈濟人走遍了多少坎坷不平路，發揮了「走在最前，做到最後」的精神。慈濟志業如今已擴大到包括慈善、醫療、教育、人文和環保五大環節，在全球多個角落發光發熱，為有需要的人帶來新的希望。

靜思教誨

或許是緣分所致，在臺灣花蓮為期 5 天的實業家靜思生活營，我被慈濟的人文氛圍所感動。期間，我有緣聆聽證嚴上人的靜思教誨，對我有諸多的啟發。

那是 2009 年，是我生命中另一個出現轉折的重要年份。我第一次到花蓮，參加實業家靜思生活營，就深深被慈濟感動。慈濟的一切讓我感動流淚，它與我的心靈相契合。隔年我再到花蓮，與我結伴而行的瑞士師兄鼓勵我，既然有這種感動，可以考慮皈依[注3]證嚴上人。之前我與上人素未謀面，只是在慈濟舉行義賣會時，贊助過慈濟貨品而已。

參加於花蓮舉行的實業家靜思生活營

_____

[注3] 皈依：佛教術語，是成為正式佛教徒之前的宣誓儀式。

皈依證嚴

我相信緣分。當你心生慈悲，就不會去計較，而會祈求原諒，這才是正道。什麼才是你心目中的明燈？你得自己去找尋，真正能夠帶領自己走上菩薩道的人，就是我心中的答案，於是我皈依了證嚴上人。

皈依是一件人生大事，說明我與上人的緣分。同行的鄭來發兄，與我作出了不約而同的抉擇。我沒有皈依與我更早結緣的法照大和尚，在佛家來說，這就是緣分。皈依誰都一樣，都是皈依佛陀、都是歡喜心。

我多次到花蓮參加實業家靜思生活營，喜歡證嚴上人的教誨。往後我每一次去到花蓮，不由自主深受感動。許多人一輩子在原地兜圈子，不想改變，一直原地踏步；如今我踏出去了，越來越開心，這是我被佛法吸引的原因。

首到花蓮，我滿心歡喜，有所感悟，立志要帶朋友前往。然而回國後，我卻因拼搏事業，忙碌的生活，未能讓我實現當初的願望。停滯了好幾年，

我的皈依證

我一直心繫花蓮，掛念著慈濟。就在新冠疫情爆發前，我一連三年，組織朋友到花蓮，分享我當初到慈濟的喜悅，並思考活著的意義。第一次16人、第二次20餘人，第三次30人。 到了第四年反應熱烈，報名爆增到45人，卻因疫情襲來而被迫取消。

每個人都是有價值的生命體。我在這個年紀感受到的生命價值，並把它呈現出來。證嚴上人的一句靜思語：前腳走，後腳放[註4]，更是我多年來行事的精神指引。不執著，能放下，哪怕是做善事也好，我也不執著。能聽得進有智慧的言語，才是有智慧的人。

我希望散發出的正能量，也能號召和帶動身邊的很多朋友一起參與。瑞士師兄對我的觀察是：毫無私心，對應了證嚴上人說的：信己無私，信人有愛。我所做的一切不求名利，我感恩瑞士師兄對我的推崇。

共聚一堂，獲益良多。

線上講座

疫情期間，大多數活動被迫暫停，那時慈濟執行長與團隊商量，醞釀舉辦一個線上講座。慈濟邀請我成為第一名主講者，我盛情難卻，首度在

[註4] 前腳走，後腳放：意思是昨日的事就讓它過去，把心神專注於今天該做的事。

疫情期間舉行的線上講座

網路上開講。由於眾多支援者的加持，加上我的行善之路富正能量，取得很高的網路流量，還一度破紀錄，吸引到600人同時上線聆聽。

受困在家，心情鬱悶，我於是積極在線上籌款，號召大家慷慨解囊，自己率先捐了5萬，緊接著再捐5萬，總共10萬元，目的是拋磚引玉，激發大愛的正能量。這次線上募款受到參與者紛紛回應，例如有名師兄見我帶頭捐錢，深受感動也隨之回應，能參與這次講座，是我疫情期間最開心的一件事。

講座結束後，我也淡忘此事。直到有一次與瑞士師兄閒聊，偶爾問起這件事，他透露當時的捐款是政府一元對一元資助，另外政府還津貼了25萬，總數達到200萬元。我拋磚引玉出了10萬開了個頭，最終竟取得令人意想不到的結果。瑞士師兄形容，善的力量非常之大；它散發出的正能量，不是一加一等於二，而是以幾何倍數增長，達到一加一等於20的驚人效果。

千元買水

新冠大流行阻斷措施實施期間，新加坡慈濟實業家聯誼會（實聯會）舉辦《誠疫相伴共善念》系列分享會。2020年5月24日，通過ZOOM線上分享，我講述了行善如常《千元一瓶的礦泉水》的故事。

新冠疫情剛開始，阻斷措施的嚴格實施，行動自由受到很大的限制。出門要戴口罩，許多人百般無聊待在家裡。有一天，我實在太悶了，於是戴上口罩，一個人駕車到烏節路閒逛。當時烏節路的商店全部關門，行人道上連一個人影都沒有，這著實把我嚇了一跳，我想進商場購物，但商店卻全部上鎖。你可以在行人道上閒逛，但肚子餓了，卻買不到東西吃。我不甘心，決定四處走動，只要被我發現有一攤賣吃的，我就立刻買回到車上吃。

這時，就在百麗宮外，我遇到一名體格瘦小、年過七旬的老者。我遠遠看見他一個人躲在樹的後面，看著他微微顫抖的身子，這名戴了一個陳舊口罩的大叔，很可能是擔心被執法人員逮捕，一直在樹後不肯現身。當我一步步接近他時，他突然閃身出來，向我兜售一元一瓶的礦泉水。

我當場決定買一瓶，摸了摸口袋，糟了！沒帶錢包，當時考慮到錢鈔骯髒避免接觸，因此身上沒帶零錢，想買瓶礦泉水，也愛莫能助呀！

我當下又下意識摸了摸另一個口袋，發現有兩張千元大鈔，其實當時我已經和老者擦身而過了，就在那電光火石的轉念間，我決定倒回頭，對老者說：「這裡兩張，我們一人一張。」我當時還囑咐他，不要去買4D萬字票。當時老者整個人都愣住了，一時間不知如何是好。

為什麼我會給他一千元？因為當時的情景，讓我感觸良深。這不是錢多少的問題，我後來有一次在香港，同樣見到一名大叔，在寒冷的天氣下跟人討錢，我就給了他500港幣，就是這樣的一種小小舉動。我做慈善的

心，也是這樣的自然流露。我相信一千元能幫助到烏節路的大叔，讓他暫緩經濟拮据困境。我自己曾歷過貧困，知道陷入困境時的無助。為此，每當我遇到需要幫助的人，我總願意及時出手，協助他們度過難關。默默為有需要的人送上協助和尊嚴，同時不期待任何的回報。

　　我想如果自己的親人，與老者的處境相同，我會感到非常的難過。朋友說這種有大愛的人，才會有這樣的舉動，這是當下是我最真實的反應，體現在小小的舉動裡，讓我心中產生一股莫名的感動。我們常説莫以小善而不為，只要心懷善意，常懷善念，做力所能及的善事就是行善。我希望能鼓勵大家，在日常生活中，多發揮這種善良之舉，或許是微小而平凡，卻能帶給人們無限的溫暖和力量。

遍地福田

　　瑞士師兄説，我不只一個人來做慈善，還可以影響到周邊的人一起來行善，佛家稱作福田[注5]，能讓這個社會越來越美好。如果每個人自顧自己，自掃門前雪，這個社會貧富懸殊的現象就越發嚴重、很多紛亂也會隨之而來。慈善有種社會影響力，它可以安定社會，能發揮社會和諧的重要影響力。

　　佛法告誡大家去掉貪嗔痴[注6]，但有的人卻到了臨終前也去不掉。我認為讀經最重要的是，要讀懂它的精神，學習後用在生活上，所以我們應當不斷地去領悟、去體會什麼是貪嗔痴？這就是證嚴上人所謂的「行

[注5] 福田：佛教術語，能生長出福報的地方。

[注6] 貪嗔痴：佛教術語，貪是貪愛五慾，嗔是嗔恚無忍，痴是愚痴無明，因貪、嗔、痴能毒害人們的身命和慧命，故稱「三毒」。

慈濟善舉，感動我心。

經」——你看了再做，做了再看再領悟，倘若出了錯，下一次就改正，把佛法落實在生活中。

　　浴火鳳凰、重新開始，是我出版這本書希望能展現的精神。書中的經歷，能讓我們感受到生命的成長，價值的昇華，充滿法喜。當正能量得到不斷的積累，並達到一定的高度時，對生命的啟發也將更上一層樓。臺灣作家龍應台說得好，有覺醒之心，心裡就有一座山林，人生也會走得更好。願我出走半生，歸來仍是少年。

慈濟大愛

　　曾經大起大落的人生，是菩薩對我的信心、決心和毅力的考驗。我堅定不移地熬過了所有的磨難，身邊各種各樣的正能量接踵而至，協助我度過難關。誠如證嚴上人說「原諒別人就是善待自己」，我這一生的行善路，已確定沒有回頭路了。如果哪一天，我不再涉足慈善事業了，我將什麼也不是！願愛我和我所愛的人，沏一壺好茶，靜心觀水流，細細品嘗，慢慢翻閱。

佛光普照

　　我感悟與佛光山的緣分，似乎越來越貼近、越來越深厚了。緣起於2022年，我以15萬元買下一幅刺繡名畫，過後回贈佛光山。這幅刺繡作品大有來頭，它臨摹20世紀維也納象徵主義畫家古斯塔夫・克林姆（Gustav Klimt）的代表畫作《吻》[注7]，完成的一幅作品。

　　畫家林祿在欣賞畫作後，在一個聚會上對我說：「大哥，那是一幅無價之寶呀！」我驚訝之餘，感恩緣分竟如此之奇妙。當佛光山主持妙穆法師，解釋了這張刺繡畫作的來龍去脈時，原來過程中還有一段錯綜複雜的奇妙因緣呢。

「繡爺」繡畫

　　2022年，有一名收藏家，在「繡爺」沈德龍年輕時，收購了畫家大批刺繡畫，供自己私藏。這名佛光山大德後來到了澳大利亞，認識了佛光山南天寺[注8]主持滿可法師，為協助法師籌集南天大學的經費，收藏家決定把自己珍藏的20幅刺繡畫，全部捐給佛光山，為南天大學籌募款項。

　　這批精美的畫作，恰好收藏在新加坡。滿可法師於是打電話給妙穆，請後者替他在新加坡拍賣畫作，把籌到的款項，匯給他用作南天大學的經費。妙穆法師於2022年辦了一個展覽，共20幅刺繡畫，題材有青花瓷、青銅器、花、馬、貓與狗，都是較小幅的畫作，當時被信眾搶購一空。我則以

[注7] 《吻》：（德語：Der Kuss）是古斯塔夫・克林姆的代表畫作之一，是於黃金時期創作的作品，此時他常用金箔來作畫。

[注8] 南天寺：位於澳洲，乃南半球最大的佛寺。

與佛光山星雲大師合影

15萬元標下「繡爺」最貴、最大的一幅——古斯塔夫的代表畫作《吻》。當時的我，內心感到無比的快樂。

重新捐出

雖然妙穆法師一直鼓勵我，把畫拿回家掛起來，但我卻婉拒了，並把畫作重新捐出。我告訴法師，佛光山今後若有需要籌措經費時，再拿出來拍賣不遲。我標到後又不想帶回家，發心給了佛光山，這一來一往，竟與佛光山結下這個奇妙的緣分。

佛光山水墨畫顧問林祿在，起初見到「繡爺」作品時，用「震驚」二字，形容當下的心情。他說刺繡作品他在蘇州見過許多，但這一幅作品，卻和他的想像完全不一樣。

林老師馬上關注到，這位被尊稱為「繡爺」的沈德龍，是中央美院畢業的藝術工作者。他本身學的是油畫，他把蘇繡的技巧，巧妙融入其中，作品多次在中國全國各種刺繡展覽比賽中獲獎；當你遠看是一副畫，近看方恍然大悟，原來是繡出來，是頗有立體感的刺繡作品。

「繡爺」刺繡名畫《吻》，如今珍藏在佛光山，左是主場住持妙穆法師。

其他小幅作品，多是動物造型，其中一幅馬特別漂亮，栩栩如生，遠看是油畫，近看是刺繡。觀賞者可以近距離欣賞到亂針繡[注9]的魅力，這是沈德龍的風格。

我標下的《吻》，即愛的意思。人世間都是愛，菩薩愛我們，師父愛我們，愛一切眾生，大家都離不開愛。那天林老師欣賞完這幅巨幅畫作後，震撼之餘陷入了沉思，認為這是一幅難度多麼高的作品啊！

林老師進一步解釋說，從原作的角度，如果我們想畫一幅畫，那我們直接可以調色後臨摹出來，然而，這幅卻是一針一線慢慢繡出來的；一小塊要下多少的針？還要找出那個顏色、繡出那個味道，從而使整幅畫與原作一模一樣，林老師感覺比原作還要精彩。

畫家要去臨摹一幅可以辦得到，但要去繡一幅畫，得花多長的時間？而這麼大的一幅繡爺所繡的畫，在林老師眼裡，它已是一件無價之寶，因為隨著時間的流逝，繡爺現在年齡也大了，沒有精力和時間再有類似的作品，得在當下有時間、眼力好、精神足才能繡出栩栩如生的作品。說它是無價寶，因為藝術是無價的，若遇上有緣人，千萬元收購也並非不可能的事。

融會東西

「繡爺」沈德龍，以洋學為用，中學為體，把西洋畫的技巧，引入蘇繡之中，繡出了大批融會東西的蘇繡作品。另一方面，他創立了蘇繡「古

[注9] 亂針繡：被諭為當今中國第五大名繡。亂針繡主要採用長短交叉線條，分層加色手法來表現畫面。針法活潑、線條流暢、色彩豐富、層次感強、風格獨特。擅長繡製油畫、攝影和素描等稿本的作品。

吳繡皇」品牌，用十年時間開了25家專賣店，成為了蘇繡行業的領軍企業，把蘇繡打造成世界級的中國奢侈品。

藝術是沒有一個價格的標準，如果説，《吻》原畫收藏在維也納奧地利美景宮美術館內，那新加坡佛光山所收藏刺繡畫，在世上就算絕無僅有了。林老師説：「我們懂藝術的人知道藝術價值所在，齊白石的畫，過去那會值得那麼多錢？徐悲鴻的馬，如今一幅至少100萬。當年他到新加坡時，你若有緣請他吃飯，他有可能送一幅畫給你。我覺得這幅畫非常的有意義，以後的文教中心蓋好後，可以掛在那裡供善信欣賞。」

2024年佛光山要主辦的一場高爾夫球籌款活動，工委會問妙穆法師，有啥可拿出來投標？法師説她只想到拿小幅出來籌款，卻再也沒有動過這幅最大畫作的念頭。妙穆法師已不想再拿出來拍賣，而決定由佛光山永久珍藏。

妙穆法師説，待佛光山文教中心竣工後，將找一處好地方把《吻》懸掛起來，並把我的名字置在畫作下方：洪振群大德捐贈。我對主持的做法深表榮幸。

説起來也確實是因緣。若這幅畫是落在別人手中，佛光山應該是拿不回來的了。藝術的價值是永久性的，有些是無價的，不到萬不得已應自己留著、留給下一代。中國許多的古寺廟，都有珍藏名留青史的優秀字畫作品。

繼續行善

24年來，我持續不斷地捐錢，滿心歡喜。父親過世時，我並沒有在靈堂前告知爸爸，而是對上蒼祈禱，給我多活20年，讓我繼續行善，我説過，我一定會做得更好，給子孫們一個好榜樣。

榜鵝佛光山外觀

我以後的路,就是行善。以前一直在走,現在是決定全心全意走這一條路,廣結善緣,為慈善拉線搭橋,新加坡有很多心地善良的人,看如何與之結合,繼續走行善這條路。

再捐30萬

佛光山準備在大成興建的文教中心,樓高5層,面積近1萬方呎,計劃在2024年3、4月動工,整個工程需要兩年多的時間完成。我主動捐30萬新元,給佛光山建文教中心,我做慈善有自己的規劃,一步一步來,該什麼時候捐?該捐給誰?我心裡一清二楚。到了2026年的兩年內,我會落實佛光山30萬元的捐款。

我也看朱志偉編的《星雲大師點智慧》系列。我看了部分星雲大師說的話語,很好聽也很好用,就在於你怎麼去用。在行善路上,我總有一股動力,不斷搭橋牽線,既然我決定了行善這條路,從過去累積起來的豐富經驗,我下來得從長計議,更有規劃地把它做好。以我的個性,一旦決定了,我會盡力做得更好,把正能量傳播得更遠,帶更多的人來行善。

至親長眠

我的父親、母親、妹妹淑君的骨灰罈,都安放在榜鵝的佛光山淨土堂,讓逝者長眠於此,與諸佛菩薩常伴左右,獲得佛菩薩加持,庇蔭親族。

佛牙善緣

　　我與佛牙寺龍華院第一次結緣，是在2002年。當時牛車水計劃籌款建這座寺廟，我在那一帶做生意，感覺這是一個好建議，我應該主動去幫忙。同一年我認識了法照大和尚，這是我開始行善後的第三年。

　　佛牙寺標到地段後，開始籌款建廟。我積極號召朋友樂捐，自己也共襄盛舉。千禧年伊始，我個人捐了兩次各10萬元，這是讓我打開心扉，生平第一筆大數額的捐款。

　　在決定捐這筆錢前，我經歷過一番思想上的掙扎，過程是艱難的。剛賺到一些錢的我，想為佛教做點事，也想做慈善積德。10萬元雖負擔得起，但畢竟不是一筆小數目。

　　我曾半開玩笑對自己說，如果我把10萬元，換成50元鈔票，一疊疊的堆放在家裡廁所門口，每天進出看一眼，一個星期後，再看自己是否仍捨得，把花花綠綠的鈔票捐出？

　　冷靜期讓我靜下心來，不做後悔的事。我想了幾天，最後還是捐了。這筆善款捐出去後，真正開啟了我每年較多捐款的慈善之路。

莊嚴肅穆的佛牙寺

护国金塔寺正向有关当局争取，希望能在牛车水硕莪巷的这块空地上，建造新加坡佛牙寺。（合成照片）

七层佛牙寺将现牛车水

刘慧芬●报道

护国金塔寺计划在牛车水硕莪巷建造一座七层楼高的佛寺，以作为佛牙的永久藏所，以及作为⋯⋯教文化和推动佛陀教⋯⋯

息室。顶楼则是摆放万佛宝塔、万佛经轮及四大天王的地方。

主楼内的其他设施，包括佛教文化博物馆、僧王蜡像馆，以及一个附设舞台以供文化活动的剧院。

⋯⋯如此，寺庙内的行⋯⋯计典雅的茶楼⋯⋯⋯⋯在建⋯⋯

寺庙也可以在牛车水一带主办文化活动。

法师透露，他已经和一些政府机构如土地局、旅游局及市区重建局沟通，目前⋯寺有关当局的批准，⋯⋯建造佛牙寺⋯⋯⋯⋯加坡佛牙寺⋯⋯

要完成他两年前许下的承诺，现在，他的心愿完成了。"

两年前的佛牙舍利展在新达城举行时，许多人无缘进场。当时，法照法师⋯⋯应，要再办个佛牙舍⋯⋯⋯⋯信徒的心⋯⋯⋯⋯牙。

當年興建佛牙寺成了媒體的焦點（SPH Media）

龍華樹下

　　佛牙寺籌建時，我在牛車水做生意。每天不期然走到工地，環顧四周、繞走一圈，我的感情就在那裡。2007年佛牙寺落成，我在寺前種下一棵龍華樹苗[注10]（總共四棵），我一直保留著17年前的照片。如今我親手栽下的龍華樹，已有近兩層樓高了。

　　對開示我的法照大和尚，我和佛牙寺結下了不解緣。我積極的幫他找贊助者與捐款者，從一片空地，一磚一瓦，見證了整個廟宇建成的全過程，我當時體會到極大的參與感，也感覺佛牙寺與我非常的親近。

17年前我在佛牙寺前，在法照大和尚的陪伴下種下一棵龍華樹苗，如今已茁壯成長。

[注10] 龍華樹：釋迦牟尼佛得道於菩提樹下，彌勒佛（未來佛）則成道於龍華樹下。

靜心聽道

每次舉行的法會，我都出席靜靜坐著聆聽，念完之後師父就開示，講佛理與做人的道理，並在好多年間，一點一滴不斷積累。道理雖簡單，但知易行難，我希望我做得最好，我必須走進佛的境界，才有後來的慈善路，才有去花蓮的慈濟路，進一步接觸到更高層次的佛法。

我的人生越來越寬心，與過去截然不同。如今的我，抱著樂觀積極的心態，立志至少多做 20 年的慈善。我感恩法照大和尚，這是我佛法的開始。心中有佛，指引我走向光明大道。我祈求菩薩協助我多活 20 年，讓我繼續行菩薩道。當我有了更深的領悟後，才會確定自己走不同的人生路。

慈明學校

法照大和尚創辦的慈光福利協會，屬下的慈光學校，專為年齡 7 到18歲，患有輕度智障或自閉症的孩子，提供特別的教育與培訓。慈光學校設立後，目睹學生有了改變，受到鼓舞的法照大和尚，決定創辦第二間慈明學校，主要照顧重症自閉兒。

捐款百萬

當我知道慈明學校成立的目標後，我感覺到這是一項意義重大的慈善活動，於是我主動告訴法照大和尚，我要捐款100 萬元。我希望慈明學校的經歷可以收錄書中，把這件有意義、有啟發性、有教育性的事蹟，記錄在案，而且把慈善事業延續。

我父親於 2022 年過世時，我已獲知法照大和尚籌建慈明學校的意願。我把奠儀（白金）全捐給慈明。我深知創辦和照顧自閉症學生的學校，運

在金沙會展中心舉行的2024年「春茗人日晚宴」上，法照大和尚從我手中，接過
100 萬元支票的捐款。

為自閉症重症學員開設的慈明學校

法照大和尚為弱勢孩子做點事，願大愛充滿人間。

作是非常困難的。老師有愛心,至為關鍵。自慈光學校創辦後,收了幾個雙胞胎,現在慈明學校也有了雙胞胎,一個脾氣暴躁,另一個比較溫和。

學校和父母,都要對未來有信心,雙方相互配合,都有一個共同目標,為了這個孩子,怎麼去幫助他,其實這也是磨練我們,因為做了這些事後,我們也成長了。當彼此要磨合的時候,確實是非常不容易的,必須是要戰勝自己才能繼續走下去。父母確實有很大壓力的。

我做慈善從慈濟開始,從2000年開始,捐東西去賣,生意很好直到今天。法照大和尚則一直在教導我,過去經常聽他講佛理,都在我的心裡。那天知道了建慈明,主要照顧重症自閉兒,法照大和尚說,有緣分才做最真實,還要有心,思想相印、目標相印,才做得開心。

在23年12月27日,我懷著歡喜心,在惹蘭友諾士,參加了慈明學校的開啟典禮。這個臨時校舍是幢舊的學校大樓。由於學生越來越多,先拿舊學校粉刷就入駐。

慈明早點收取學生,是因為學校得磨合,找出一個最好的教育方式,來幫助這些孩子。老師和學生之間都需要時間相互磨合,學校得一直往這方面思考,例如對什麼東西敏感、對什麼有興趣;什麼是長處、哪些又是短處,都要找出來。可以這麼說,所有的布局都是為這些自閉症孩子量身定

法照大和尚為父親祈福

做，是最艱難的。主流學校一名老師教 30 人沒問題，但特殊學校開始時是一對一，摸清楚了習慣、觀察了一段時間，瞭解到個性後，才一對二，成熟後再一對三，費用是龐大的。法照大和尚感恩新加坡有個好政府，能真正幫助到這些孩子。

重要的是，我們得把他們當成一名正常人來看待。人生難得，我們很幸運，把強與弱混合一起互動，看到好的可模仿、可追隨，會有好的影響。

目前在巴西立興建的慈明聚緣閣，就像是一道光譜上的愛；種下一棵樹，收穫一片綠蔭，獻一份愛心，托起一份希望。

真誠無價

法照大和尚與我交往多年，他覺得我待人真誠。為什麼我遇過如此的苦難，仍能堅持下來？因為我對人真誠，別人就願意來服你。若你平常對人不真，誰又願意來服你？

法照說我是有福報之人，孝順父母，對父親晚年的照顧，更是無微不至，那是行善。對一名佛教徒來說，我以佛陀的思想生活，我以佛陀的愛來待人處事，我做這些慈善，以佛陀的悲來布施，這就是我的人生。

做善事，得隨著因緣走。24 年來我做了很多善事，因為我有信仰。最重要的是，要瞭解自己，才能一直做下去，不是叫別人去瞭解你，而是你自己要去瞭解自己，在佛教裡叫做自度。你瞭解自己能夠做多少才幫忙做，才叫度他，願大愛充滿人間。

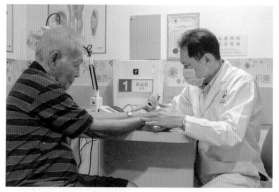

善濟之光

在卓順發心目中，我是一名真誠、慈悲與光明的慈善家。對他過譽的讚美，我受寵若驚，也衷心感激。然而對善濟的支援，我始終堅定不移。我最終將捐獻300萬新元給善濟，這是我多年前的承諾。

四年前，我決定認領善濟醫社位於北部的一個診所。當時我承諾，十年總共捐獻200萬元，加上之前捐獻的100萬，總數達到300萬元。

我將捐300萬元給善濟醫社

堅守承諾

順發兄形容我是一名爽快，少數主動給錢，時間一到就會拿錢來的人。我也是一個能啟發他，讓他尊敬的人。他說：「講到做到，大哥是一名最堅守承諾的一名慈善家。」當初我決定捐錢給善濟，是因為順發兄非常用心經營善濟。他是一名慈善家，他的用心不是一般人所能媲美的。

每一個細節，他都自己親力親為，這是我所見到的順發兄，

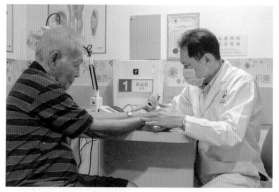

善濟為樂齡人士提供中醫醫療服務

到今天他仍保持著這種認真細心的風格，對慈善很有創意，籌款也有他的一套，各方面都很強。他是用上市公司的理念來經營善濟，我是很敬佩他的做法，這樣的付出相當不容易，不是一般人所能做到的，這就是我當初捐款的動機。

甘巴士分社

我資助的是三巴旺的甘巴士分社 Gambas Branch。善濟醫社義務執行主席卓順發說，我當時的決定，委實幫了善濟一個大忙。我沒想到的是，自己是善濟成立這些年來，捐款最多的個人之一。

15 萬看診

我以大度善行之心，協助弱勢老人，一年可以幫助很多的樂齡。錢用在刀口上的善舉，會讓我感到舒服，我當初幫忙善濟也正因如此，可以幫助很多的老人家來推拿、針灸、看中醫和吃藥，這是一種無私的善舉。

善濟甘巴士診所目前有 2 名中醫師，一名推拿師，以及兩名中醫助理為病患服務。該分社到目前為止，已服務了近 15 萬看診

宏茂橋分店被燒毀，我仍捐
30萬元給善濟。（SPH Media）

人次。善濟醫社對弱勢群體照顧得無微不至。除了為所有患者免費諮詢，也以低廉收費，提供內部醫療諮詢、內科針灸諮詢、推拿療法、骨科等服務，傳播人間的關愛，縮小貧富差距，營造社會樂善風氣，處處有溫暖，快樂和幸福，如此是發揚大愛感恩，善良光明慈悲。

頒特別獎

在順發兄眼裡，我出版這本書，表達了願意站出來與大家分享的意願，是一種社會責任。行善是從心而發，每個人都可以在力所能及的範圍內行善，捐款無論大小，不要因為善小而不為。我們無須與他人比較捐款的多寡，而是以愉悅的心情來行善。

善濟將頒一個「慈善家特別貢獻獎」給我。這個獎項過去共有兩位得主，他們是企業家陳賢進博士，以及書法家徐祖燊。

2018年，陳賢進博士以妻子的名字，捐贈2000萬元，設立了督潘曹瑞蘭博士紀念基金，用於資助低收入家庭在善濟的醫療服務。

陳賢進博士於18年5月舉辦的《督潘曹瑞蘭博士紀念基金》啟動晚宴上，又慷慨捐贈200萬元。至今陳博士已捐贈了508萬元支援督潘曹瑞蘭博士紀念基金。

徐祖燊是本地書法家，也是一位樂善好施的長者。徐祖燊曾在電視籌款節目，在台上當眾揮毫，寫下蒼勁有力的兩字「善濟」，贈予主賓哈莉瑪總統。

神交已久

我與順發兄的緣分，始於雙魚時代。30年前，雙魚與羅敏娜傢俱商議合作，順發來到雙魚總部和公司洽談，雖然和公司沒有談成，但我們卻因此而相識。

後來雙魚集團出事破產，更聽說我在牛車水東山再起的事蹟，當時在商界是相當轟動的事。報章不乏有我的消息，順發兄一直很關心我的動向，雖然我們並不熟絡，但實際上卻神交已久。

當我創業後，我們在很多社交場有了交集，逐漸兩人有更多的來往。順發兄形容我為人正直，不多話，但一說起話來有股力量，內容扎實，每次我們都以真誠的心在對話。

他每次對我說，CK你太偉大了，你用了很多的時間來照顧你的父親，這是相當不容易的。順發兄說我很講義氣，很善良，不惹事，合得來的多講幾句，合不來就走開，不會開罪別人。他對樂齡午餐的活動留下印象，並認為像這麼一個動員龐大財力、人力和物力的慈善專案，要堅持下去是相當困難的。

我是善濟的榮譽主席。在慈善事業上，我有力行，努力實踐。這四年來，我對善濟的捐款，能幫助到近15萬名甘巴士診所到病患，我深感安慰。對善濟計劃將我的姓名，刻在芽籠路新總部善濟慈善中心的大理石上，永久展示在大樓裡，我並沒有提任何要求，完全是善濟主動提出建議，我也心存感激。

眾弘施福

　　生命始於誕生，終於死亡。死亡是每個人都得面對的現實。一個人生命到了終結，都應有尊嚴、值得被尊重的離開人世。有些無依無靠的長者，擔心百年之後，沒有人會陪伴他走完人生的最後旅程。

　　眾弘的施棺服務，是由創會主席林漢存發起，後來發展成眾弘提供的身後事服務（AMS）。緣起於多年前，善堂內有一名無親無故、拉二胡的單身老伯，有一次問漢存兄說，他無兒無女，往生後眾弘是否可以替他辦理身後事？漢存兄即刻答應，並無條件幫他完成這椿心願。有了這個開始，促使眾弘關注到，孤苦無依的獨居老人臨終、無人料理身後事的問題，於是召集幾名義工，開始替老人辦理後事。

眾弘義工與老人們打成一片

對大多數人來說，當一個人逝去，親友齊聚一堂哀悼告別，彷彿是理所當然的事。眾弘尊重每一個生命，他們認為沒有人理當孤獨地離世，也沒有人理當在離世後，擔心沒人打理身後事。眾弘想讓大家知道的是，其義工將竭盡所能，履行死者親屬的職責，從到殮屍房接領死者的遺體開始，出席火化場的告別儀式，在海葬或花園葬儀式中把逝者的骨灰撒入大海或花園中，送別逝者的完整流程，是眾弘身後事服務義工要做的。

近日閱報，經常讀到有獨居老人，在屋內過世數日，屍體發臭才被發覺的新聞報導。獨居老人似乎越來越引起社會的關注。一名獨居老人參加了眾弘後，表示很安心，因為身後事有眾弘替他包辦。每當義工送晚餐來時，總會與他打招呼，死在家中無人知曉的恐懼，從此煙消雲散。

三大服務

眾弘福利協會現任主席沈茂強說，目前，眾弘的三項重要服務：

一、免費施棺；

二、全島有十間免費的中醫診所；

三、免費醫療接送老人去看醫生。

回歸大自然的海葬儀式

花園葬禮，莊嚴肅穆。

眾弘的全職員工少，人力有限，因此需要大批義工與捐款者，以照顧1000多名年長者的日常需求。一名受惠老人感謝眾弘對他的幫助。除了照顧他看醫生，有時還帶他去酒樓吃大餐，餐後還有紅包拿，讓他感到非常的欣慰。

我向來非常支持眾弘的活動，舉凡活動需要一些禮包，我二話不說，馬上叫經理安排，捐贈老人家一些禮包和日常用品。在疫情之前，眾弘經常帶老人到myCK購買貨品，我會以非常優惠的價錢，優待眾弘的老人。每年的歲末樂齡度歲金，我也帶頭支援分發。

慈善推手

對獨居無依老人，眾弘做了很多好事照顧這些弱勢群體。在籌款上，大家都公認，眾弘有一位非常重要的慈善推手梁佳吉，過去好多年，每一年的眾弘周年慈善籌款晚宴上，梁佳吉都請朋友來贊助，每人捐1萬元，從開始時的二、三十名，一直到2019年的約100名。

2019年，眾弘委任我為慈善晚宴籌備委員會主席，舉行的「真心英雄慈善晚宴」，獲梁佳吉

懷念張沖福海報

眾弘創會主席林漢存，於8年前獲總統頒發，志願服務及慈善事業個人組別獎。

等善心人士支持，我們當晚籌到205萬元，創下歷年來籌款晚宴義款的最高紀錄。當晚在新達城舉行的晚宴，共有1500人共襄盛舉。

　　眾弘福利協會總務林勝來猶憶，我在2019年的元旦日，新年的第一天，就約他到烏節路的一家咖啡座喝咖啡，非常認真的談論半年後籌款的事，因為我對眾弘有一顆慈善的心。勝來誇獎我不但出錢、出力、還「出」朋友，自己也捐了10萬元；加上其他朋友的捐款，在籌款上幫了眾弘很大的忙。

眾弘免費中醫流動服務

度人從善

梁佳吉成了籌款幕後重要推手，但他做善事卻不求回報，只因為他想度人[注11]，其善舉令我非常感動，這種純粹抱著一顆支援眾弘的心，集合大家的力量與善念，將眾弘越做越好。

有了梁佳吉的加入，每一年的慈善籌款晚宴，數額從最初的幾十萬元，到後來的300多萬。如今眾弘每年的籌款，都超過了300萬元。

有了更多的善款，眾弘的服務對象就能擴大，我認為做慈善本來是互相影響的，這就是慈善的魅力，而梁佳吉正是典型的例子，是他帶頭影響了大家一起行善。

最近梁佳吉啟動了一個招募慈善募捐活動，他準備召集30個人，每人拿出100萬，他的目標是籌一筆3000萬元的義款。

已故主席張沖福是眾弘另一名重要人物。他也是贊助者之一，與眾弘有著源遠流長的關係，他是把我引入眾弘服務的長輩。30多年前從眾弘善堂，到後來成立的眾弘福利協會，沖福兄出錢又出力。眾弘從鄉村搬遷到如今所在地，眾弘福利協會從一個附屬診所，增加到目前的10個中醫診所，以及多元化的服務，沖福兄功不可沒。

每逢眾弘福利協會主辦周年慈善籌款晚宴，沖福兄總以個人交情發了幾十張請柬，幾乎把潮界老闆們都召集來支援行善做好事，我就是當中的一名。他在2016年擔任主席，那一年的慈善晚宴已籌到130萬元左右，創下了當時的最高紀錄。

[注11] 度人：度是度化，指導有佛緣的他人修行，引導修鍊，把迷失的佛性找到，使人脫離人世苦難，逐步上升到佛的理想境界。

堅持行善

我行善時特別關注老人家，尤其是貧困的獨居老人，因為這群人真是需要更多的關懷與照顧。2021年當眾弘要在裕廊西91街大牌933新地址開一個中心，我出面說服了眾弘善堂的管理團隊，捐錢給新中心，讓計劃如期進行。

當時我是眾弘善堂的署理主席，管理層當時答應贊助40萬元，充作新中心的裝修與基礎建設費用。這個創新概念的中心，包涵中醫服務、樂齡中心、康健中心，是一個能惠及樂齡的好專案。

眾弘是我行善之路的一個重要驛站，也是一條過去、現在、未來都不會改變的路。

敬老尊長

坐輪椅，拿拐杖，在義工細心的陪伴下，大批阿公阿嬤，來到了酒樓，邊享受豐盛的午餐，邊欣賞臺上精湛的演出，場面溫馨愉快。

慈善午餐，絕不是請長者吃一頓飯那麼簡單？對老人家來說，這不僅僅是一頓飯，而是他們期待已久的陪伴。

過去多年，我一直照顧自己年邁的雙親，與老人建立起深厚的感情，我與老人家有種心靈上的默契。我感覺老人家很有愛心，與他們相處時，我非常的自在。

老人家需要陪伴，這是很多孤單老人欠缺的，我因此萌生與老人家聚餐的念頭。當我出任醉花林財政時，開始發起了首輪活動。我召集朋友來

支持，醉花林具備了場地與餐館，設施齊全，為午餐會的舉行，提供了極大的方便。

當時有兩個慈善組織——眾弘福利協會、新女性慈善團，積極回應敬老尊長慈善午餐。他們旗下照顧不同的老人，有不少是獨居的老人家，也包括行動不便的體障、視障樂齡。我們第一次主辦有300人參與，後來逐步增加到5、600人。

連辦51場

敬老尊長慈善午餐，首先由我發起，我親力親為做了15場後，文東記老闆文華兄也做了5場。我於2019年交棒給張學彬，阿彬繼續做了36場，總共主辦了51場。一場的費用約4、5萬元。我號召朋友每人出資三、五千

新女性慈善團屬下的盲人歌詠隊，在老人慈善午宴上高歌一曲，為現場帶來陣陣暖意。

元、每次10到15個人，共襄盛舉。有時一個人出一萬、也有人一次出5萬元全部承擔，一切隨緣。主辦這類的活動，能帶來很多的快樂，出席的老人家會一直追問你：什麼時候主辦下一次、我可以再來嗎？老人家也紛紛獻上吉祥語，一時間「生意興隆、身體健康」，滿滿的祝福，響徹全場。

我在醉花林辦老人午餐時，已逐步將主辦的職責移交給張學彬。學彬是優聯燃氣控股首席執行官，朋友都親切地稱呼他阿彬。由阿彬接手我很放心，他很孝順，也喜歡與老人家相處。我離開醉花林後，阿彬繼續在巴耶利峇、大巴窯的千禧樓舉行。請老人家吃飯，是件很快樂的事，尤其是我的母親過世後，我從出席午餐會的阿公阿嬤，見到的親切笑容，讓我回憶起自己的父母親，感受到老人家的溫暖。

青出於藍

在陪伴老人家吃飯這條道路上，有一個人青出於藍，他就是我的繼承者學彬。阿彬的性格豪邁，卻有一顆柔軟的心。在宴請老人午餐的推動、投入與付出，他的表現令我佩服得五體投地。

阿彬從小由阿嬤帶大。他特別熱心於敬老午餐，相信與他的成長經歷息息相關。在潛意識裡，敬老午餐見到的樂齡長者，就像阿彬遇見自己親生阿嬤一樣的親切。

已往生的奶奶，對阿彬來說，內心深處總有一份遺憾。事實上阿彬在阿嬤生前，在孝道上已盡了自己最大的努力。阿嬤在世時，阿彬幾乎每個星期六和星期天，都儘可能推掉商場上的應酬，回家陪奶奶吃飯。然而，阿嬤離世後，一種不捨、陪伴得不足夠的遺憾，卻也油然而生。

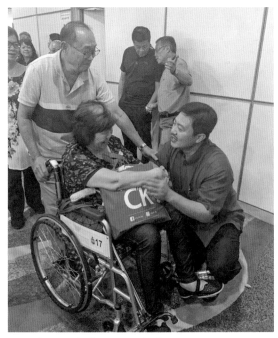

飛回吃飯

有一次，阿彬正在紐西蘭旅行。阿嬤很想念愛孫，想同阿彬一起吃飯。阿彬知道後，馬上從紐西蘭飛回新加坡，為的是陪伴阿嬤吃飯、看電視。等阿嬤上床睡覺後，他又飛回紐西蘭繼續旅程。在阿彬心目中，能多點陪伴阿嬤，是他最大的心願。阿彬對長輩的孝順，令絕大多數人難以望其項背。

每個月都陪伴阿公阿嬤吃飯，阿彬如此熱衷主辦敬老午餐，可説是尋求心靈上失去親生阿嬤的慰

阿彬對老人家有深厚的感情

藉。他提醒忙碌的人們，不要經常為自己的忙碌找藉口，不要以為自己下來會有時間；你現在沒有，接下來會更加沒有時間，等到你失去了這個機會（陪伴），你就會有遺憾，到時候你會想：「早知道我就……」很多的事，當你回過頭去想時，總有遺憾、「早知道」的感慨。人生沒有「早知道」這回事，阿彬提醒大家不要留有遺憾。

阿嬤心碎

小孩子任性不懂事，無意間傷透了奶奶的心，對阿彬來説是一生的自責。他回憶7、8歲時，想戴電子錶，卻只想要Casio品牌的，但阿嬤卻買了一款當時最流行的梅花牌手錶給他。

收到禮物的阿彬，接過手錶感覺這麼老土，一時氣憤難當，二話不説拿起腕錶，往地上狠狠一摔，導致整個表身應聲「粉身碎骨」，零件撒滿一地。

阿嬤一句話也沒説，默默的彎下身子，把支離破碎的零件，一個一個地撿了起來。年幼的阿彬對當時的所作所為，並沒有絲毫的悔意。

愛孫心切的阿嬤，終於知道自己的孫子，原來喜歡的是電子錶，於是她老人家又去買了，但這次卻買了Alba電子錶，並不是阿彬心儀的Casio，再次遭到無情的「拒絕」。折騰到最後，阿嬤終於買到了Casio給愛孫。30多年後的今天，阿彬仍為這件事耿耿於懷，萬分自責，深深為自己當年傷透奶奶心的行為而難過。

遊船河畢，阿彬扶老人下船。

餅盒藏錢

阿彬當兵時，已很有生意頭腦。他經常利用周假做副業賺錢，服役時津貼只有240元，但他每月卻可以給阿嬤多達1000元的零花錢。阿嬤把收到的錢，全都存放在一個綠色的餅乾盒裡。直到有一天，阿嬤將整盒錢交回給阿彬，他才知道原來阿嬤這些年來，把給她的零花錢全部儲蓄起來，為的是留給孫子。此刻的阿彬，發現奶奶的頭髮花白了，也深深感受到阿嬤對自己無私的愛，這一切都是無法用金錢買到的。

阿嬤帶大的阿彬，受傳統思想深刻影響。到今天用得最多的，仍是家鄉的潮州話。阿嬤從小給他的愛，彷彿有一種無形的力量，對成長後的阿彬的人生路上有許多啟發。

真心小孩

慈善午餐與一般宴會是不一樣的，阿彬形容一般的宴會不能做回自己，商場上的應酬，有時還得做作，但來到慈善午餐，心情完全不一樣了，完全可以做回自己，出席的全都是阿公阿嬤。

阿彬說，他就像他們的孫子一樣，在他們面前撒撒嬌；無論說錯了什麼、做錯了什麼，都不必在意，也不必找他們求原諒，因為他們肯定原諒你的，真的是很自在的，完全不用顧慮到自己的形象，因為一個小孩子在長輩面前不必有高大上的形象，講錯話也完全沒有關係的，他們只當你是小孩子，在他們眼中，你就是個「小屁孩」。阿彬強調一個月當一次「小孩子」，就像是開一個大型的派對，是件非常愉快的事。

商家專家

　　林勝來是敬老尊長慈善午餐籌委會的統籌。他與阿彬相輔相成，成就了一場接一場的慈善午餐。阿彬形容，慈善午餐要辦得成功，必須有兩組人——商家和愛心專家的配合無間。

　　商家就是生意人，生意人賺到錢回饋社會，商家只是負責簽支票付錢，我們需要鼓勵更多的商家，挺身出來贊助我們。至於專家，代表人物是慈善午餐籌委會的統籌林勝來。他對組織老人午餐的主辦駕輕就熟，由他發動數十名義工，安排行動不便老人的交通，事半功倍。

　　勝來對阿彬的善舉推崇備至。他認為最重要的是，阿彬能一呼百應；沒有他的帶動，慈善午餐很難辦下去，每個月一場5萬元的經費，可不是一筆小數目。每一場老人午餐，勝來得動用80名義工，還要去找10多部車來接送，也絕非一件輕鬆辦到的事。

渴望陪伴

　　老人家最開心的是遊船河。當老人家見到濱海公園附近高聳的建築物，顯得非常高興。他們最需要的是陪伴，遊完船河後我們去冷氣

贊助香港深水埗西江薈舉行的老人派愛飯

食閣吃雲吞麵，雖然是非常普通的一餐，他們已經非常高興了。面對風燭殘年、孤單的獨居老人，尤其是行動不便的殘障人士，他們內心最渴望有人帶他們出門。

郭緒澤如今接過籌委會主席的棒子，阿彬則出任籌委會顧問，我這個贊助者擔任顧問的角色，會繼續弘揚敬老尊長的精神。

近年來，機緣巧合下，我和漢春兄在香港深水埗的西江薈河鮮小館，參與了派愛心飯盒，給弱勢的香港樂齡活動。雖只派送飯盒，沒有堂食的互動與熱鬧，卻讓貧困老人能回家享受一頓既美味、又充滿愛心的餐食。行善可以跨越國界、相互影響的，大度善行，讓內心充滿快樂與喜悅。

聖約翰之路

15 年前，在劉孝勇老師的引介下，我加入了聖約翰服務。這些年來，我積極回應捐款活動。隨著失智症中心的成立，新加坡聖約翰機構這個百年志願團體，所扮演的社會職責也越來越大，每年所需的經費也越來越多。

過去的聖約翰，籌款活動規模不大，各個分區各自為政，每次籌款也不多。自從失智中心成立後，需要購買各種設備，加上總部大樓的維修，經費大幅度上升，這都需要大筆的資金。

慈善主席團

2019 年由我發起成立慈善主席團（Chairman of the Board Presidents），可說是新加坡聖約翰機構，常年籌款大計的一個新里程碑。

慈善主席團由我擔任首任主席，把所有聖約翰旗下的分區小組主席，

劉孝勇老師（右）、前總統陳慶炎博士和我，10年前在總統府出席聖約翰救傷隊的勳章頒發儀式。

六部嶄新載客車，為聖約翰失智症中心樂齡提供方便。

團結在同一旗幟下，採取統籌機制來籌款。什麼人捐的錢？捐獻給什麼專案？均一清二楚。如今我只需對潛在捐獻者說，聖約翰需要什麼，他們都會來支援，三年來共籌得230萬元。

籌措500萬

　　隨著我倡議的慈善主席團正式成立，大大舒緩了聖約翰管理層所面對的財政壓力。我的目標是，在我兩個任期的6年裡，希望能籌到400至500萬元的捐款。納丹醫生認為我是一名有抱負、有目標的人，如果奮力進行，500萬元的目標應該可以達到。

　　主席團主席的任期是三年，目前我已進入了第二個任期。我感恩新加坡聖約翰機構最高理事會主席納丹醫生，當初拍板同意這個變革，並在最高理事會其他成員同意下獲得通過。並不是每個領導人，都有納丹醫生的眼光；四年後的今天，證明了主席團的成立，是明智之舉。

　　在納丹醫生的支援下，我以慈善團贊助者的身份，義不容辭的當了兩屆的主席團主席，並積極物色接班人，讓聖約翰的籌款活動，能持續不斷的推展下去，我希望聖約翰的未來越來越好。

　　納丹醫生對我的評價是，我是一名社區領袖、一名受人信賴、被人尊重的人。他形容我渾身充滿動力，每個人都願意聽從我的號召，能有效地與不同小組的主席協調。而慈善籌款，也更加統一、有組織地開展。

　　疫情期間，不同行業的表現不一，例如建築業、卡拉OK就苦苦掙扎，但其他行業如酒店業，卻因改變用途用作隔離設施，一些仍有不俗的表現，這些影響不大的業者，因此可繼續捐錢。如今建築業開始復甦回彈，就有餘力多做善事。納丹醫生說，我的朋友來自各行各業，我與不同行業

的人交談，扮演一個協調的角色，要求他們的協助，因為我獲得各界的尊重，他們也願意一呼百應。因此無論任何情況下，我都可以在籌款發力，朝 500 萬元的目標邁進。

那丹醫生說，聖約翰非常幸運，找到像我一樣的人來協助。找人捐錢是困難的，我有能力與人溝通，說服他們投身入慈善捐錢。如今新加坡的生活成本上漲，能一年能籌100萬，已經是非常難得的事了，那丹醫生對我有信心，相信在我的領導下，可以達到目標。義款除了用在失智症中心外，年久失修的美芝路總部大樓，包括天花板和外牆籬笆，也有了經費來修葺。有了足夠的捐款，工程也得以開展。

許多捐款是用來提升失智症中心的設備。除了建築外，內部也有不少的基礎設施，需要很多的運作成本，目前我們正在提升階段，衛生部給予我們區域中心級別（hub status）的地位，由我們照顧整個區域的病患，因此我們必須增加職員的數目，也要擴大使用面積很多，這是一個龐大的專案。我們可以申請政府津貼，但其他的則需要公眾的支援。

2023年，在我的帶動下，成功籌到足夠的款項，讚助購買了六部嶄新載客車，讓中心得以日常接送失智症患者往返住家。新加坡目前約有10萬名失智症患者，預計到2030年會增至超過15萬人。到時平均每10名滿60歲的年長者中，就有可能有一人患上失智症。

納丹醫生過去曾是許文遠部長選區的基層領袖，在部長的選區服務。2022年國慶日晚宴上，納丹醫生告訴部長，很不幸的我父親剛過世。部長回應說，他去了我父親的靈前弔唁。

納丹醫生告訴我，許文遠對我讚譽有嘉，部長說我是一名很好的人，對我非常的尊重。我非常感恩，能把善的力量傳播出去，因為善的能量是

無價的，我想告訴大家，每一個人都能行善，並不是只局限有錢人才能做的事，這也是這本書的意義所在。

談到出版這本自傳所帶出的正能量，納丹醫生說，我做出的貢獻，不一定是金錢方面，而是團結人們為同一個目標奮鬥。事實上當我成為慈善主席團的贊助者後，即取得非常大的成就，能鼓勵所有與我同行的人，在這條路上長久地行走下去。希望今後接替我的人，都能繼續沿著這個方向走下去，繼續對聖約翰慈善團作出有意義的貢獻。

2023年我榮膺英國國王查理斯三世，頒賜聖約翰司令勛銜CStJ。（SPH Media）

納丹醫生說謝謝我對聖約翰的支持，沒有我的支持聖約翰不能做得太多。我也要感謝納丹醫生，是他讓我走了一條美好的慈善路；這是我一生的願望，我的路還沒有停止。

見證榮光

2023 年 2 月 11 日，我榮膺英國國王查理斯三世，頒賜聖約翰司令勛銜 CStJ。莊嚴的典禮在英國駐新加坡最高專員公署舉行，最高專員歐文（Kara Owen）代表英國國王將勛章授予我。與我一同獲獎的還有潘南舜、張仰興和林萬年，他們三人獲頒聖約翰員佐勛章 MStJ。我邀請了好友出席觀禮，見證這美好與光榮的一刻。

伊欣學子

我中學成績不好，念到中三便輟學，卻沒想到命運的安排，卻讓我成為伊欣中學諮詢委員會主席。

劉孝勇是伊布拉欣中學（簡稱伊欣）的華文教師。我在三巴旺社區服務了兩年後，劉老師推薦我加入伊欣學校諮詢委員會（SAC），一晃 14 年。

學校諮詢委員會成立的目的，是為社會上成功人士，提供一個回饋社會的平臺。委員會人選來自校友、家長、或附近的基層領袖。

從 2000 年起，我開始了行善這一條路。善念能釋放出巨大的能量，當我把一大筆錢往外捐時，還能樂呵呵地笑；我 10 年後當上了學校的主席，我就有這麼一顆心，要好好地協助校長，讓學校生活增添色彩。

新聞人物

由於我的特殊經歷，讓我成了學生們心目中的新聞人物。作為伊欣的主席，我在 2017 年在學校的頒獎典禮上，與學生分享了我跌宕起伏的人生故事。我在講臺上，除了以華語敘述我的奮鬥史外，也提及 2016 年我如何在大火後後重新出發，一名學生在旁翻譯成英語。

校內刊物《新聞薈萃》，學生也為我作了訪問，把我的創業過程，圖文並茂發表。緊接著《聯合早報》主辦的某個編版比賽，副校長也安排學生訪問我。記得學生們聽完我的人生故事後說：「為什麼會有這麼慘的人？」

SAC 也參與學校的籌款活動。伊欣 2018 年竣工的室內體育館，SAC 也協助籌款，學校需要我們協助的錢不多，重要的是有一個參與的心。

七年前伊欣中學頒獎禮上，我與學生們分享了大火後重新出發的心路歷程。

我在伊欣中學檢閱了學生儀仗隊

購買圖書

我也協助學校，在廣州購買了多冊簡體字版的吉米的圖畫書，送給學生閱讀。當老師把圖書的名單交給我後，我派人在廣州採購，然後寄放在定期從中國廣州寄來的貨櫃箱。這雖然算是小事一椿，但卻是我運用自己的現有資源，為學生提供方便，為美好生活加磚添瓦的例子。

學生實習

我也協助學校，推展學生的假期打工計劃。學校安排學生到myCK百貨，以見習生身份到門市店打工，親身瞭解百貨公司的日常運作。疫情前，學校也帶領學生參加了醉花林主辦的敬老午餐，安排學生上臺跳舞給老人觀賞，同歡共樂。

伊欣學校刊物，圖文並茂報導了我的創業奮鬥事蹟。

慰勞老師

劉孝勇老師從70年代起，發動主辦答謝老師的慰勞宴會，作為老師對學生付出的一種肯定，不只在校老師，我們也把榮退的老師，一起邀請共聚一堂。

前校長陳可欣說，SAC每年請老師們吃飯，是伊欣中學的一個優良傳統，多年來沒有中斷過。慰勞宴會一般在每年的教師節舉行。除了老師外，校內的非教職人員也會受到邀請，我強調老師得吃好的；120多名員工，聚餐費用1萬元左右，由於數目大由大家平分。疫情大家雖不能聚餐，我們仍訂購了便當，慰勞老師一年來的辛勤。

原本由教育部撥款，如今由SAC負擔，學校省下的錢，可以花在別的地方。有了SAC贊助，慰勞會的餐食更加豐盛。疫情期間，校長打電話給

教師節與伊欣中學校長和老師歡聚

我，我第一句話就問，學校是不是要籌錢？學生是不是有困難？校長回答說：不需要的，因為學生們都受到教育部很好的照顧。

帶動朋友

最令陳可欣校長留下印象的是，我一個人帶了一群人做慈善，我把六名朋友也帶進伊欣一同服務，包括杜希仙、林建發等人。校長覺得，是我建立了一個制度，不以個人而是帶動了一群人做慈善，發揮的能量也就更大了。

結語

昔日的流金歲月，經歷反覆的推敲，不惜時間的細磨，我以跨越生命的難度、行善的大度、生活的亮度，建構起跌宕起伏的人生，展現給大家。

瞭解我的好友，經常這麼說，我的人生故事，真正非一般的精彩。從少年時期洪家兵團，擺地攤日以繼夜的拼搏，入駐店鋪後雙魚崛起成千萬元企業，辛苦多年卻因意見不合被迫離職，渾渾噩噩三年的臥薪嘗膽，創業時「小喇叭」喊出的第一聲心酸；以為否極泰來，卻連番遭遇火劫的沉痛打擊，到如今登高一呼、召集好友們共同行善的心路歷程，我的每一段人生經歷，都足以譜成一首首動人的樂章。

我行善有兩個動機。第一是當年雙魚的破產，牽連甚廣。不少人遭受金錢上的損失，蒙受精神上的打擊，我深深感到抱歉。雖然我也是受害者之一，但我因出身雙魚始終耿耿於懷。1997 年我東山再起，發誓當賺到錢後，必定堅持慈善之路，在 30 多個慈善團體和社會組織積德行善，彌補當年雙魚所犯下的不是。這也是我出版這本自傳的動機。

　　第二個動機是，我以慈悲喜捨之心，來行我接下來的人生路。只有繼續通過無私的奉獻，才能摒除人的貪念，能做到捨，人就不會貪。再者，當我目睹別人犯錯，告誡自己不能重蹈覆轍，這是我做慈善的一個動力。信佛的人在修行，在轉念間，當我們的心態改變了，不只讓自己擺脫極深的負能量，除去冤冤相報、被怨恨禁錮的枷鎖，還能影響大家開開心心的踏上行善之路。

　　我們以大度行善去感動他人，以愛心善心去溫暖世界，把世界變得更加美好。生活是如此，愛與善也是如此。祝願大家今後一路繁花似錦，日子過得熠熠生輝。

攝於 2024 年元旦日。打虎不離親兄弟，洪家兄弟妹情仍源遠流長。
左起小妹淑娟、我、大哥振鈿、三弟振銘、四弟振鵬。

寫書的心路歷程

　　新加坡有不少土生土長的企業家，但洪振群的故事，卻獨樹一幟。這是一本堅守初心、充滿勵志的自傳，有鄉情、有親情、有友情，更有行善的大愛之情，當中有不少情節會讓你有所感動。

　　自傳的前半部，描述洪家兵團一名寂寂無聞的跑地攤小夥，如何協助雙魚百貨集團登頂後，突被雙魚辭退，於 37 歲淨身出戶，消沉了三年。好不容易決定中年創業，又被遭清盤的雙魚拖累，無奈破產，致使這名洪家老二的人生，再次跌落谷底。總之他的前半生，宛如《西遊記》中歷盡九九八十一難的現代翻版。

　　自傳後半部，集中描寫主人翁洪振群如何扭轉乾坤、走出低谷的故事。他創業後緊緊捉住實體零售百貨業最後的黃金廿年，在中國太平、廣州、汕頭、義烏地區，以及泰國、韓國、馬來西亞、印尼，通過人脈與努力，搭建起屬於自己獨樹一幟的買貨網路，以精準無比的商業嗅覺，讓 myCK 實體零售店，在千禧年後，繼續散發萬丈光芒。

　　之後，主人翁機緣巧合下，開啟了另一把財富鑰匙。果斷購置房地產的眼光與魄力，讓振群兄在往後的網購大時代開始抬頭、實體零售店逐漸凋零的日子裡，仍能笑看江湖、處之泰然。

　　書中的每一個章節，貫穿了主人翁不忘初心，以善為本，充滿生活氣息的勵志故事。讀者能從這些故事中產生共鳴，早年大家所熟悉的生活場景，包括半個世紀前，比比皆是的地攤、夜市，到後來雙魚集團的崛起，一直到今天的 myCK 百貨，甚至後期發生的淡濱尼總部大火，以及 24 年來振群兄參與的大大小小的行善活動，就算你不認識洪振群本人，但書中提到的許多關鍵詞，相信也為大家所熟悉。

　　不只一個人說過，洪振群的故事，可以拍攝成類似《出路》一樣題材的電視連續劇。我記得當時把這個可以拍成電視劇的對話截圖發給振群兄時，他立即回復了一個老夫子「哈哈哈」捧腹大笑的截圖給我。

　　接下來我想談談寫這本書的感想。五年前我妻子患病，我於是向報社請辭，提早退休照顧太太。兩年前太太過世。一年半前南華潮劇社的郭緒澤介紹我為振群寫書，並得到謝燕燕的認同，我這才第一次與振群兄和卓林茂社長會面，開始了這一年多的合作。從時間的角度而言，這是一個機緣巧合。如果我仍在報社服務，我將沒有精力接下重任；如果振群兄早一年找我，當時我仍在照顧妻子，相信也無暇寫書。我珍惜這次的緣分。

　　從 2023 年 1 月份起，每逢星期三和星期六上午，振群兄和我定期相約到加冷娛樂廣場，進行為期兩個月收集基本材料、訪問。加冷成了我們今後一年多無數次會面、心照不宣的「老地方」。我們開始搭建故事脈絡，故事章節也從七章增加到十章。我們在下來的一年多裡，進行了多次補充採訪，尤其是雙魚、創業、慈善篇，增添了不少充實的內容。

　　振群兄自謙是一名小人物，但我始終不認為這是一本普通人的自傳。寫一個人的自傳，是一本大製作，更何況振群兄有這麼跌宕起伏、精彩的人生。其實每一個章節，內容豐富到差不多可以自成一本書了，因此我曾半開玩笑對他說：振群兄，你出一本書，就抵得過別人出十本了。

　　這本書雖無法盡善盡美，但卻是我們花了不少時間收集資料，採訪本地許多關鍵人物，甚至到了潮州老家潮安浮洋鎮、臺北、香港等地採訪，整理匯聚成一部十多萬字的自傳。振群兄從成千上萬的舊照片中，以及他最近親自到全國各個角落，多個關鍵地點，重拍照片；還有國家檔案館、國家圖書館、新報業媒體等機構，找尋昔日照片與剪報，最後振群兄還召集洪家兵團的成員們，於今年元旦日大合照，體現出打虎不離親兄弟的情懷，也展現出振群兄對這本自傳的重視。

　　末了，我希望大家能抽出一些時間閱讀這本自傳。你能感受到振群兄當面對失敗時，如何憑藉強大的意志力和佛法，不忘初心，以善為本，克服了人性的弱點，重新出發。這本書，給我最大的啟發是：機會是留給有準備、敢於承擔的人。

編撰：梁容輝，筆名容哥。祖籍廣東，1960年生於新加坡。
　　《新明日報》前資深高級記者、副採訪主任，有36年編採經驗。

謹以此書緬懷並紀念已逝去的

親人、摯友
曾祖母葉蓮好、祖父洪見仁（順成）
父親洪才潤、母親曾雪雯
妹妹洪淑君
台灣摯友胡駿

謝謝你們曾經的陪伴。
因為有你，讓我的人生有了不同的意義